U0265859

美丽宜居小城镇建设指南

江苏省住房和城乡建设厅　主编

中国建筑工业出版社

图书在版编目（CIP）数据

美丽宜居小城镇建设指南 / 江苏省住房和城乡建设厅主编 . —北京：中国建筑工业出版社，2022.5（2023.7 重印）
（江苏乡村建设行动系列指南）
ISBN 978-7-112-27376-8

Ⅰ.①美…　Ⅱ.①江…　Ⅲ.①小城镇—城市建设—江苏—指南　Ⅳ.① TU984.2-62

中国版本图书馆 CIP 数据核字（2022）第 079872 号

责任编辑：宋　凯　张智芊
责任校对：张　颖

江苏乡村建设行动系列指南
美丽宜居小城镇建设指南
江苏省住房和城乡建设厅　主编

*

中国建筑工业出版社出版、发行（北京海淀三里河路 9 号）
各地新华书店、建筑书店经销
华之逸品书装设计制版
北京中科印刷有限公司印刷

*

开本：787 毫米 ×1092 毫米　1/12　印张：11⅔　字数：238 千字
2023 年 3 月第一版　　2023 年 7 月第二次印刷
定价：**98.00** 元
ISBN 978-7-112-27376-8
（39171）

Preface
序言

习近平总书记指出，"建设什么样的乡村，怎样建设乡村，是摆在我们面前的一个重要课题"。乡村不仅是农业生产的空间载体，也是广大农民生于斯长于斯的家园故土。深入实施乡村建设行动，加强农村基础设施和公共服务体系建设，持续改善农村住房条件，促进乡村宜居宜业、农民富裕富足是江苏的不懈追求。

江苏自然条件优越，农耕文明历史悠久，自古就是富庶之地、鱼米之乡，享有"苏湖熟、天下足"的美誉。党的十八大以来，江苏深入贯彻习近平总书记关于乡村建设工作的重要指示批示精神，牢固树立乡村建设为农民而建的鲜明导向，固底板、补短板、扬优势、强特色，注重设计引领、强化技术支撑、开展试点示范，加快推进城乡融合发展，完成农房改善超40万户，有效带动农村基础设施和公共服务配套水平不断提升，全省农村住房条件和人居环境持续改善；建成江苏省特色田园乡村593个，实现76个涉农县（市、区）全覆盖，乡村特色魅力进一步彰显；支持83个重点中心镇和特色小城镇开展试点示范建设，完成393个被撤并乡镇集镇区环境整治，小城镇多元特色发展取得积极成效。经中央领导同志审定的《江苏省中央一号文件贯彻落实情况督查报告》指出，"农房改善和特色田园乡村建设深受基层干部欢迎，农民群众满意率高，走出了一条美丽宜居乡村与繁华都市交相辉映、协调发展的'江苏路径'"。

为深入贯彻习近平总书记视察江苏重要讲话精神，全面落实中共中央办公厅、国务院办公厅印发的《乡村建设行动实施方案》有关要求，做好新时代乡村建设工作，江苏省住房和城乡建设厅在系统总结十年乡村建设工作经验的基础上，组织编制了《农房建设指南》《美丽宜居村庄建设指南》《美丽宜居小城镇建设指南》（以下简称《指南》）。《指南》梳理了江苏近年来在农村住房条件改善、特色田园乡村建设、小城镇多元特色发展等方面的工作经验，提炼了村镇建设的系统性策略、方法和实施要点，形成了指导农房、村庄、小城镇建设的工具书。《农房建设指南》提出了农房设计、建造和管理等方面的相关要求和流程，可用于指导新建、翻建的三层及以下农村住房建设；《美丽宜居村庄建设指南》提出了三种不同类型村庄的建设模式和管理要求，可用于分类指导特色保护型村庄、规划新建型村庄和集聚提升型村庄建设；《美丽宜居小城镇建设指南》提出了三种不同类型小城镇的建设模式和管理要求，可用于指导美丽宜居小城镇建设。

《指南》对下一步江苏乡村建设工作具有重要的实践指导意义，为扎实推进乡村振兴，努力建设农业强、农村美、农民富的新时代鱼米之乡提供了技术支撑。限于时间仓促、水平有限，书中难免有不足之处，敬请各位读者朋友不吝赐教，是为至盼。

江苏乡村建设行动系列指南编写委员会

2022年6月

CONTENTS
目录

CHAPTER 01

总　则

一、编制目的

为贯彻落实党中央、国务院和省委、省政府关于实施乡村振兴战略的部署要求，推进乡村建设行动，有效促进小城镇人居环境改善、特色风貌彰显、配套设施完善和城镇功能提升，切实把小城镇建设成为服务农民的区域中心，依据相关法律法规和技术标准，制定本指南。

二、分类及适用范围

按照"分类引导、差别发展、择优培育"的原则，科学把握小城镇差异化发展特征，将小城镇分为一般小城镇、重点发展镇和特色小城镇，着力推动小城镇多元特色发展。

本指南适用于江苏省建制镇（不含城关镇）、乡、独立于城区的街道，以集镇建成区为重点。

江苏省小城镇实景

江苏省小城镇公园景观

三、总体要求

1.以人为本，宜居宜业

以满足人民对美好生活的向往为出发点和落脚点，持续补齐城镇短板，提升服务品质，提振产业发展，深化综合治理，优化城镇功能。坚持民生优先、普惠共享，保障和改善民生，维护群众切实利益，积极改善百姓居住条件，营造宜居环境，打造宜居宜业的幸福家园，促进经济社会协调发展。

2.彰显特色，突出美丽

注重彰显特色魅力，建设产业充满活力、环境美丽宜居、文化富有特色、社会和谐文明的小城镇。彰显江苏生态优质的资源禀赋和秀丽隽美的地域风光，突出自然环境之美；优化空间环境，突出层次丰富、特色多元的景观特色之美；挖掘文化内涵，有效保护历史文化名镇，突出具有历史记忆、时代特点、地域特征的文化交融之美；加强功能配置，推进服务水平均好，突出城镇功能与活力彰显的统筹协调之美。

3.分类施策，多元发展

坚持因地制宜，综合考量区位条件、人口规模、经济发展、自然禀赋等因素，探索一般小城镇、重点发展镇和特色小城镇的合理发展路径，形成梯次发展的良好格局。一般小城镇承担服务农民的区域中心；大城市周边或县域内重点发展镇，推动发展为县域副中心，有条件的逐步发展为小城市；特色小城镇引导培育成休闲旅游、商贸物流、智能制造等专业特色镇。

4.加强管理，保障有序

强化组织领导，完善小城镇建设、管理、服务，切实提升基层治理能力。因地制宜深化细化美丽宜居小城镇建设行动方案，紧扣近期和中长期目标，逐步有序推进建设。建立健全多元化投入机制，发挥各级资金合力，提高资金配置效率，吸引和撬动社会资本共同投入小城镇建设。通过美丽宜居小城镇建设，建立健全长效管理机制，全面提升小城镇治理水平。

江苏省小城镇空间格局

四、建设内容

1.基础标准：全面改善人居环境

适用对象：全省所有的小城镇（部分被撤并乡镇集镇区可参照）。

建设目标：逐步改善环境面貌，满足镇村居民生产生活的基本需求，包括强化风貌引领、整治环境卫生、改善城镇面貌、补齐服务设施、提升道路交通、提升公用设施。

建设指引：对现状基本情况、存在问题等进行摸底调查，以整治生活垃圾、整治黑臭水体、整治脏乱环境、提升基础设施建设水平、提升公共服务水平、规范日常管理为重点实施镇区环境综合整治，全面改善人居环境。

2.提升标准：着力提升城镇功能

适用对象：作为重点发展的小城镇（含各级重点中心镇、经济发达镇）。

建设目标：在基础标准上，进一步优化空间格局、塑造景观风貌、提升公共服务、完善道路交通、完善公用设施、打造活力空间、推进产镇融合，推动发展为县域副中心或区域增长极。

建设指引：着重实施镇容镇貌整治改造、加强基础设施及公共服务设施建设、提升景观绿化美化水平、推进规范管理和服务等重点任务，进一步提高小城镇建设发展质量和水平。通过实施重点发展镇建设工程，实现镇区净化、绿化、美化，人居环境明显改善，推动小城镇承载能力显著增强。

3.特色标准：培育特色发展功能

适用对象：作为特色发展的小城镇（含历史文化名镇等）。重点发展的小城镇也可以是特色发展的小城镇。

建设目标：突出特色化发展导向，提升城镇空间品质，塑造特色风貌，传承地域文化，彰显产业特色、文化特色和生态特色。建设内容应在基础标准上，结合各自特点，彰显生态品质，塑造空间特色，传承地域文化，培育特色产业。

建设指引：根据资源禀赋，找准特色发展定位，有序推进建设，促进城镇功能和服务水平不断提升，人居环境持续改善，产业特色逐步强化，增强小城镇的宜居水平和综合魅力。

4.管理标准：强化差异化建设管理

强化建设管理，推进小城镇建设有序开展。针对当前建设管理的问题，规范日常管理，统筹建设行动，健全长效机制，加强治理能力。各类小城镇可根据自身发展需求，差异化选择建设管理内容，细化建设管理行动，提升小城镇建设治理水平。

江苏省滨湖地区小城镇

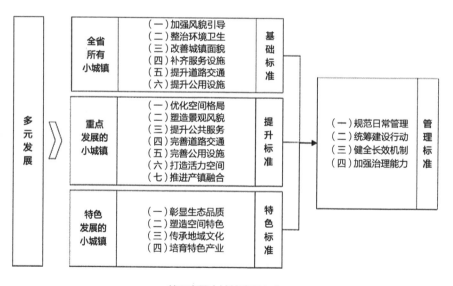

美丽宜居小城镇建设内容

CHAPTER 02

分类建设

- 一般小城镇
- 重点发展镇
- 特色小城镇

一般小城镇

　　一般小城镇是指《江苏省设立镇标准》中的一般镇，可以是乡镇合并后新设立的镇，泛指除了重点发展镇和特色小城镇以外的小城镇。

　　一般小城镇主要通过加强风貌引导、整治环境卫生、改善城镇面貌、补齐服务设施、提升道路交通、提升公用设施六个方面来进行建设指引。部分基础较好，仍较有活力的被撤并乡镇集镇区在落实"三整治、两提升、一规范"整治要求的基础上，可参考这类做法进行建设。

一、加强风貌引导

加强对一般小城镇风貌特色和环境特征的分类引导，彰显不同地区的山水格局、空间布局、结构肌理、景观风貌等特色，并加强重点地区的风貌管控。

1.分类开展风貌管控

（1）平原类小城镇

平原类小城镇具有地势平坦或起伏较小的特征，适宜营造布局紧凑、用地集约的平原风貌，规模较大的小城镇可采用团块状的平面布局形态，规模较小的可采用团块状或带状的平面布局形态。

（2）山地丘陵类小城镇

山地丘陵类小城镇具有地形起伏或山丘连绵的特征，应注重彰显自然山体的景观通透性，控制自然山体周边的建筑体量和高度。建设时宜顺应地形，营造因山借景的特色风貌。坡度较小的宜采用团块状或带状的平面布局形态，坡度较大的可采用分级台地式带状组合。严禁挖掘、破坏山体。

灌云县圩丰镇镇区航拍

案例：灌云县圩丰镇

圩丰镇位于灌云县东北部，镇区无起伏、地势平坦，形态整体呈带状，具体呈现团块状。城镇建筑全部为低、多层楼房，无高层建筑。

宜兴市太华镇镇区航拍

案例：宜兴市太华镇

太华镇位于苏、浙、皖三省交界处太华山脉中，空间形态狭长，生态环境宜人，山水相映成趣。

（3）水网类小城镇

水网类小城镇具有水系资源丰富、河道密布成网的特征，在建设时应尊重现状水系格局，以水系河道为脉络组织城镇空间，形成具有地方特色的城镇空间格局，营造近水亲水的水乡风貌。严禁破坏水系资源。

案例：南京市高淳区砖墙镇

砖墙镇位于南京市高淳区西南端，东临固城湖，镇区水网密布，建筑层数较低，依托水系布局。

南京市高淳区砖墙镇镇区航拍

2. 加强重点区域风貌管控

控制道路、公园、广场、公共建筑尺度和风貌，体现小城镇的地域特色。通过点线面三个层面来管控整体风貌，节点小品应体现文化特色，街巷空间应体现步行友好和亲人尺度，功能区块应满足居住、商贸、旅游、文化等需求。

案例：丹阳市延陵镇

延陵镇位于丹阳市西南部，其特色主要体现在江南传统民居、历史文化资源、湿地生态资源三个方面，镇区主要入口处作为小城镇的重点区域，通过增加文化小品的方式强化延陵镇的门户形象。

丹阳市延陵镇镇区入口节点

二、整治环境卫生

1. 加强地面保洁

（1）突出重点区域保洁

做好背街小巷、老旧居民区、镇中村、集贸市场、公共厕所、车站（码头）、餐饮店、商铺等重点区域的环境卫生整治工作。

镇区环境清扫活动

（2）合理设置保洁等级

合理设置道路、街巷清扫保洁等级，按要求配置垃圾箱，定期清理垃圾，定时清扫保洁。集贸市场垃圾袋装化、桶装化，公园广场绿地、铺装、附属设施应保持干净整洁，居住小区路面、屋顶和楼道无堆放杂物、积水。同时，鼓励市场化保洁模式，加大环境卫生监督力度，定期开展检查评比。加强保洁员队伍建设和经费保障，健全卫生保洁管理机制。

人工清扫与机器清扫联动

（3）明确责任主体

机关企事业单位和经营单位执行"包卫生、包秩序、包绿化美化"政策。门前责任范围内地面、墙面、招牌等保持干净；责任范围内无乱停车辆、无乱堆杂物、无陈旧垃圾、无乱排污水、无违章占道现象；养护责任范围内的花草树木，保持整齐美观。

（4）完善管理机制

清理镇区积存垃圾和杂物，实现分片包干、责任到人、整改跟踪，明确路长制管理标准与处置责任单位，并予以公示。

防止垃圾收集、堆放、转运和处理过程中产生扬尘污染，消除"跑冒滴漏"现象。纠正随地吐痰、乱丢垃圾等不良习惯。

2.保持水体清洁

（1）明确水体清洁对象

明确公共水域综合整治范围和措施。水域两岸蓝线范围内禁止堆放、倾倒各类物品和垃圾，不得有从事污染水体的餐饮、食品加工、洗染等经营活动，严禁设置家畜家禽等集中养殖场，生活污水需经治理达标后方可排放。

（2）消除黑臭水体

彻底清理河流、湖泊、池塘、沟渠等各类水域的留存垃圾，确保水面无污水排放口，无垃圾、粪便、油污、动物尸体、枯枝败叶等废弃漂浮物，无"黑河、臭河、垃圾河"。疏浚河塘沟渠，保持水体洁净、水系畅通；开展河底清淤，提升镇区主要河道水质。

昆山市巴城镇水体整治前后对比　　　　　　　　　扬州市江都区吴桥镇水体整治前后对比

（3）连通河道水系

逐步恢复坑塘、河湖、湿地等各类水体的自然连通，对不合理的填河进行恢复，保证河道畅通。

建筑垃圾堆占小城镇河道　　　　　　通过规划管控加强水系联通

（4）加固整修驳岸

鼓励采用自然生态型驳岸形式，避免全硬质化的驳岸。新建建筑应与岸线之间保持适当的退让距离。

灌云县圩丰镇滨水空间

（5）落实河长制度

制定"一河一策"治理方案和年度计划，建立工作例会和报告制度。建立"河长制"，执行河长公示制度，规范河长公示牌设置。镇乡级河长负责做好包干河道的巡查工作，发现问题及时妥善处理；河道保洁员、网格化监管员每天开展巡查，发现问题及时报告。

3. 开展污染防治

在完善基本服务设施的基础上，坚持绿色发展理念，深化环境综合治理。提升空气质量，综合防治噪声污染、农业污染、固体废弃物污染等。

镇级河长公示牌　　　　　　群众代表监督河道整治工作

三、改善城镇面貌

以整洁、有序为主要目标，通过对建筑风貌、沿街立面、经营秩序三个方面的优化提升，改善小城镇面貌。

1. 整治建筑风貌

（1）鼓励改造再利用

鼓励采用留、改、折等举措，推进对传统风貌建筑、工业遗存建筑等改造再利用。

（2）开展危房治理

加大对违法建筑的查处和整治力度，坚决遏制违法建设行为。全面排查危险房屋，并完成所有危房的档案建立和隐患排除，根据房屋破损程度及所有人经济状况，有序推进危房改造。

（3）关注镇中村改造

结合"城镇修补、生态修复"等行动，以人居环境改善、住宅配套设施完善为重点，因地制宜推进镇中村改造。

宝应县汜水镇生态修复行动

（4）推进外墙清理

墙外侧管道颜色宜采用与外墙协调的颜色，建议涂刷与墙面相近色彩的涂料。

（5）推进墙体整治

墙体整治要充分考虑当地文化、地域风貌特点，既要杜绝简单毛坯墙，又要避免盲目为墙体上色、刷白墙。墙绘需适合适度，能够反映当地历史人文特色。

墙外侧管道颜色示意　　　　　　　　　　　　　　　文化主题墙绘

2.整治沿街立面

应充分考虑沿街立面的统一与协调，避免突兀、破旧的门窗、屋顶、广告、店招等影响街道整体界面。

（1）立面风貌

建筑风格、色彩、材质应与建筑功能相吻合，与建筑周边环境相协调，同时考虑建筑立面使用材料的安全性。宜采用白、灰或其他纯度低的颜色，不宜采用大红大绿、鲜艳刺目的颜色作为建筑主色彩。立面整治不得对建筑主体、承重结构或建筑物主要使用功能造成影响，不能影响水、暖、电、燃气、通信等配套设施的功能性。

街巷墙面出新　　　　　　　鲜艳的外墙颜色与周边环境不搭

灌云县同兴镇街道整治前后对比

卷帘门样式示意

窗户设置示意

沿街防盗窗设置示意

遮阳檐蓬设置示意

（2）门窗设置

沿街卷闸门宜与沿街轮廓、景观、风格、色彩、样式统筹协调，引导商户设置具有地方风貌特色的玻璃橱窗、木板门等。沿街新建、改建、扩建工程，其临街用房不宜使用老式封闭卷帘门，现存安全隐患、有碍景观的老式封闭卷帘门宜更换成新颖美观、视线透空的钢化玻璃门或玻璃拉门。

窗户鼓励使用反映地方特色的乡土材料，外窗户破损严重的，建议替换或修缮；现状相对完好的，建议保留或加竹百叶、木格栅。

（3）建筑构件

沿街防盗窗安装不宜凸出于墙体外，提倡安装隐形防盗窗，或者安装内侧式防盗窗，以免影响外立面整体风貌，建议有条件的地方完善监控设施。

沿街遮阳檐蓬的风格应该考虑与周边环境相协调，宽度不超过道路红线，在形式上可灵活利用广告箱进深，对破损、受污的遮阳檐蓬应及时修缮清洁。

沿街空调室外机宜采用百叶护栏等方式遮挡与美化，空调冷凝水排水管宜隐蔽设置。对于空调外机漆面老化或设置杂乱的现象应及时整治，避免存在安全隐患。

空调外机遮罩设置示意

空调冷凝管设置示意

（4）屋顶和坡檐

对于质量相对完好的屋面可以采用清洁处理，现状破旧的屋面可以换瓦处理或修缮更新，并注重与周边环境风貌相协调。

屋面设置示意

（5）广告店招

店面门口不得违章摆放广告灯箱，街头不应乱拉横幅广告和乱贴小广告。拆除未经审批的门头、灯箱广告、霓虹灯等，风貌管控区内不得设置广告设施与横幅，无乱挂乱涂的广告横幅、小广告。

乱张贴广告示意

案例：泗洪县界集镇

界集镇在整治广告店招的工作中，规范广告牌、标牌、条幅等广告设施，拆除或更换陈旧、破损、有碍观瞻的广告牌，清理公共场地乱晾乱晒、乱悬乱挂、乱贴乱画，打造出十九条"样板街道"。

店招店牌示意

案例：如皋市白蒲镇

白蒲镇对主次干道中出现的占道经营、出店经营等行为依法进行管理，定期开展专项整治行动，采取发放整改通知书、取缔摊位等方式进行有效整治。对临街店铺发放《市容环境卫生责任状》，签订"门前五包责任书"，引导沿街商铺自治管理。同时扎实抓好镇区市场管理，在市场周边设立临时疏导点。

沿街广告招牌设施严重老化或设置杂乱的，应重新统一设计并与其建筑风格、沿街风貌相协调，同时应体现当地风貌特色和地方商业文化特征。

3. 整治经营秩序

经营秩序是影响小城镇面貌的重要因素，需对店外经营、占道经营、乱堆乱放等行为强化治理与监管。

（1）统筹整治工作

加强综合执法，全面取缔违规经营、乱设摊点、店外摆摊等行为。推进摊位整治，合理划定摊贩点。引导各类工商户进入商业街、集贸市场设摊点经营。

（2）加强马路市场整治

马路市场的整治应考虑与周边道路整治工作协同开展，加大执法力度，在整治过程中宜充分考虑历史长期形成的庙会、赶集等因素，不搞"一刀切"。

（3）梳理堆场空间

清理杂乱的建筑材料堆场、煤矿石堆场、废品收购站，引导各类堆场集中布局，加大对小城镇物流仓储空间的整治力度。

（4）加强经营场地设施配置

按经营场地的等级和规模，配套相应的导购、安全防灾、物流仓储、环卫、监测等设施。

马路市场杂乱，侵占路面　　　　拆除马路市场后的街道

堆场乱堆乱放　　　　快递货物集中堆放

4. 提升开敞空间

营造尺度适宜、植被乡土、设施完善的小城镇开敞空间。

（1）加强绿化空间的管养

绿化空间应定期管养。绿化带应整齐卫生，对行道树进行定期修剪，保障无缺株、死树和病虫害。绿地应整洁美观，无垃圾杂物堆放，杜绝露天焚烧枯枝落叶。

（2）增加绿地游憩场所

按照"规划见绿、见缝插绿、提质优绿、协力植绿"的原则，合埋布局小而精、功能全的小游园、小绿地，提升居民幸福感、获得感。

灌云县四队镇滨水公园

四、补齐服务设施

以覆盖镇区、兜住底线、均等共享为原则，建设和补充各类型、各层级的公共服务设施，促进设施合理设置、集约运行，主要包括行政管理设施、教育设施、文化设施、体育设施、医疗卫生设施、社会福利设施、商业集贸设施七类。

1.行政管理设施

行政管理设施包括党政、团体机构、各专项管理机构、居委会等。宜采用集中布局的方式，形成镇级行政中心。在完善政府行政管理设施的基础上，注重补齐居委会等基层管理设施。

案例：沛县杨屯镇

县行政服务中心职能下放至镇人民政府，基本涵盖了乡镇级的政务服务职能，做到了"一站式"公共服务。同时运用现代信息服务技术实现了自助化服务功能，让服务更加快捷便利。

沛县杨屯镇行政审批中心

2.教育设施

（1）学前教育设施

合理设置普惠性幼儿园及托儿所，服务半径应满足儿童入学需求，设施建设符合国家标准。

相关标准：
《城市公共设施规划规范》GB 50442；
《城市居住区规划设计标准》GB 50180；
《中小学校设计规范》GB 50099。

常熟市海虞幼儿园

（2）中小学教育设施

义务教育设施应保障高标准建设，实施区域义务教育集团化办学，实现义务教育优质均衡发展。

案例：灌云县杨集镇

杨集镇新区小学建于2018年，建有教学楼3幢，综合楼、宿舍楼和食堂各1幢，铺设了300m南北向的环形塑胶运动场；配置了多媒体学术报告厅、计算机网络专用教室、录播室，每间教室均配备混合多媒体一体机等现代化教学设施。初级中学设施齐全，校内环境清幽、布局合理、建筑科学、书香气息浓郁。

灌云县杨集镇新区小学

3.文化设施

文化设施应倡导复合化、集成化发展，融合图书阅览、娱乐、休闲等功能，同时在管理运作上充分体现信息化和现代化特点。

案例：泰州市姜堰区沈高镇

沈高镇宣传文化中心拥有19个活动室、800座影视厅以及各类图书2万册，集宣传、教育、图书阅览、信息查询、影视娱乐、文体活动、各类培训和青少年校外活动等多功能于一体，满足了各年龄层次居民的需求。

泰州市姜堰区沈高镇宣传文化中心

4.体育设施

坚持小而精的原则，鼓励合理设置室外全民健身设施、慢跑道、篮球场、羽毛球场、乒乓球台、小型足球场和游泳池等设施，不倡导布置大型体育中心。

东海县桃林镇智能健身器材

案例：东海县桃林镇

桃林镇采用室内外结合的方式在体育公园广场设置精致小巧的智能健身器材，器材可以利用太阳能板充电，记录活动数据并测算消耗卡路里，方便居民科学健身。

5.医疗卫生设施

合理设置医疗卫生设施，提升现有医疗条件和服务能力，推动有条件的卫生院达到一级甲等以上医疗服务能力。

6.社会福利设施

（1）便民服务中心

合理设置便民服务中心等设施，提供便民服务、残疾人服务等，满足群众办事需求。

相关标准：
《城市公共设施规划规范》GB 50442；
《医疗建筑设计规范》JGJ 312。

案例：连云港市海州区新坝镇

新坝镇便民服务中心设置了劳动保障、农业技术、自然资源、民政优抚以及公共资源中心等32个服务窗口，负责涉及民计民生各类服务事项的扎口办理，实行"一站式审批""窗口式办公""一条龙服务"。

连云港市海州区新坝镇便民服务中心

（2）养老设施

倡导居家养老，以社区养老设施为依托，以机构养老设施为补充。

案例：沛县敬安镇

敬安镇敬老院是一所国家级敬老院，采用医养结合的模式来打造花园社区型养老机构，同时通过增设床位、新建场地等形式解决了镇区的养老需求。

沛县敬安镇敬老院

相关标准：
《城市公共设施规划规范》GB 50442；
《养老设施建筑设计规范》GB 50867。

7.商业集贸设施

（1）生活服务商业设施

根据服务半径合理设置便民商业设施，满足居民日常生活需求。新建小区可结合底层商业设置，便于服务周边小区居民。

（2）集贸市场设施

合理设置集贸市场设施，与地方传统集市统筹布局，确保卫生、防火、防震和安全疏散等符合国家标准。

相关标准：
《城市公共设施规划规范》GB 50442；
《商店建筑设计规范》JGJ 48。

案例：盐城市盐都区龙冈镇

龙韵农贸市场位于龙冈镇龙韵新城小区旁，市场经营面积达5000m²，摊位空间富足，可满足周边居民的买菜购物需求。

盐城市盐都区龙冈镇龙韵农贸市场

五、提升道路交通

1. 完善道路交通设施

（1）对外通道

至少有1条四级（8~10m）以上公路衔接周边重要交通节点、中心城市，实现10~30分钟快速接驳。对外通道尽量不直接穿越镇区，可采取绕越、改道等形式。城镇段可因地制宜增设两侧防护绿地，最大限度地减少对内部交通产生的负面影响。

交叉口道路数量不宜超过4条。对外通道与内部主干路交叉口应进行合理的交叉口渠化设计，引导不同方向车辆各行其道，提高交通运行效率，保障交通安全。

4车道及以上的公路与2车道及以上主干路T字交叉，应进行交叉口渠化设计。2车道对外通道与主干路十字相交，可设置导流岛。

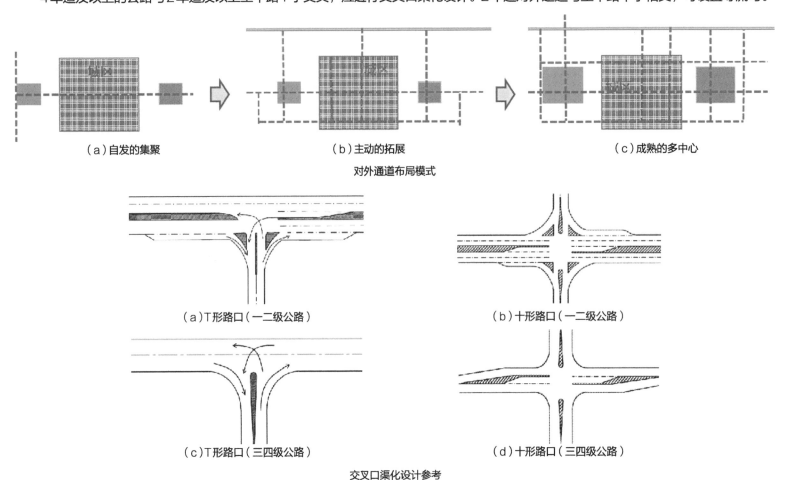

（a）自发的集聚　　　　　　　　（b）主动的拓展　　　　　　　　（c）成熟的多中心

对外通道布局模式

（a）T形路口（一二级公路）　　　　　　（b）十形路口（一二级公路）

（c）T形路口（三四级公路）　　　　　　（d）十形路口（三四级公路）

交叉口渠化设计参考

（2）内部路网

倡导"窄马路、密路网"，道路宽度不应大于40m。鼓励增加支路及巷路，打通断头路和卡脖子路。在满足机动车行车需求的同时，合理设置供行人停留、交往、休憩的空间及设施。

镇区道路应全面硬化并安装路灯，指路标志、地名标志、井盖、盲道等设施应保持完好。及时对破损、低洼路面进行修缮与重新铺装，人行道铺装样式、规格应与周边路段相协调。

相关标准：

《城市综合交通体系规划标准》GB/T 51328；

《小交通量农村公路工程技术标准》JTG 2111。

南京市江宁区湖熟街道道路断面优化前后对比图

徐州市贾汪区大吴街道两妥路、民和路改造前后对比图

2. 加强慢行出行服务

结合水系、绿地等开敞空间设置人行道，有条件的可设置绿道，完善慢行交通网络。设置隔离带、减速路拱等设施，弱化机动车对慢行的影响。

3. 发展公共交通体系

积极推进城乡客运公交一体化，城乡公交、镇村公交应与城市客运枢纽相衔接，实现行政村全覆盖。公交站点应设置在居民合理的慢行出行范围内，减少换乘。可结合公交首末站设置公交停保场。

道路空间慢行设施布置示例　　　　　　　　　　泰州市高新区公交首末站与镇村公交站点

4. 补齐停车设施

公共停车场应按照就近原则，布置于停车位需求较大且供给不足的商超、医院、教育设施附近。在城镇生活道路或不影响车辆行人通过的区域，可根据周边停车量的需求，布置路边停车位，布置方式以平行式为主。建筑物停车配建比例不低于总需求的85%。公共停车场电动汽车停车位配建比例不低于10%。地面机动车停车场用地面积宜按每个25~30m^{2}计算，单个非机动车停车位面积宜为1.5~1.8m^2。

5. 配建道路交通设施

合理设置信号灯、路灯、标志标线、隔离护栏等设施。过境公路与主干路、主干路与主干路相交的路口应设置信号灯。交通量大、交通流组织混乱的次干路、支路交叉路口应根据实际需求设置信号灯。

句容市茅管街道路边停车管理　　　　　　　　　　道路交通设施设置示例

六、提升公用设施

注重改造供水、供电、通信、供气设施，方便居民日常生活；提升污水处理、垃圾收运设施及公共厕所服务能力，改善生态环境；补齐消防、防洪排涝等各类防灾设施短板，保障小城镇安全。

1.给水设施

推进城乡一体化供水，实施区域供水，与城市同水源、同管网、同水质，供水水量、水压、水质应满足相关标准要求。

积极推进给水管网改造，对于结构布局不合理、供水能力与实际需水量相矛盾、安全性差有爆管风险、陈旧且漏损率高的管网，应优先进行改造。

结合管网改造，同步优化小城镇给水管网布局，给水管网宜布置成环状网，无条件的可布置成树枝状，并考虑未来布置成环状网的可能。

区域供水厂

给水管网改造

相关标准：

《镇（乡）村给水工程技术规程》CJJ 123；

《生活饮用水卫生标准》GB 5749。

雨污分流排水体制、截流式合流制排水体制

污水管道疏通

污水管道敷设

昆山市锦溪镇污水处理厂尾水处理湿地

相关标准：

《室外排水设计标准》GB 50014；

《城镇污水处理厂污染物排放标准》GB 18918。

2.排水设施

（1）排水体制

新建区应采用雨污分流排水体制；建成区应逐步实现雨污分流，因条件受限难以改造的，可采用截留式合流制排水体制。

（2）雨水有序排放

小城镇建成区应结合雨污分流、道路改（新）建进行雨水管道改造（新建），并对老旧雨水管道进行修复、疏通，保证雨水顺利排放，消除易涝点。

新建区雨水管道建设应结合道路建设同步实施，雨水管道及其附属设施应严格按照相关标准进行设计建设，保证地块及道路雨水有序排放。

（3）污水有效收集处理

加快推进建成区雨污分流改造，同步开展污水管网的修复、改造及疏通，消除污水管道不规范敷设现象，提高污水收集水平。

新建区污水管道及其附属设施应严格按照相关标准设计建设，并应做好与建成区污水管网的衔接，形成完整的污水收集系统。

靠近城市（县城）的小城镇，应优先纳入城市污水管网；不具备接入条件的小城镇应合理配置污水处理设施，加快推进污水处理设施提标改造，提升污水处理能力，尾水排放根据水功能区划，满足相关标准要求。

3.电力设施

排查电力线路及相关设备，更换老旧线路，消除用电安全隐患，提高居民用电安全可靠性。

积极推进建成区电力杆线整治工作，优化电网结构，中低压电力线路应采用同杆架设，杜绝私拉乱接。电力线路改造应分类实施，一般道路、老旧小区以电力杆线整治为主；商业街区、景观道路、新建小区宜采用埋地敷设。

新建区电力线路宜结合道路建设优先采用埋地敷设，并沿道路人行道或绿化带设置分支箱和环网柜。配电设施建设时应注意与周边环境相协调，必要时可对配电设施外立面加以美化。

4.通信设施

提升信息基础设施建设，实施电信网、广播电视网和计算机通信网"三网融合"，推动网络共建共享。

积极推进建成区通信杆线整治工作，各运营商通信线路应共杆建设，避免杆线"各自为政"。通信线路改造应分类实施，一般道路、老旧小区以通信杆线整治为主；商业街区、景观道路、新建小区通信线路宜采用埋地敷设。

新建区通信线路应结合道路建设采用埋地敷设，且不宜与电力线路敷设在道路同侧。

规整的电力架空线路

灌云县同兴镇伊尹美食街电力杆线整治前后对比

电力设施美化遮挡示意图

5. 燃气设施

有条件的小城镇应积极引入天然气能源，燃气管网应统一规划建设，合理布局燃气调压站、燃气储配站等相关设施，此类设施与居住区的间距应满足相关标准要求。

建成区应结合道路改（新）建同步敷设燃气管道，已敷设燃气管道的应对老旧燃气管网进行定期排查，及时更换存在安全隐患的燃气管道，对不规范敷设的燃气管道予以整治；新建区应结合道路建设敷设燃气管道，并与原有燃气系统做好衔接。

生活垃圾分类收集点

干净整洁的垃圾转运站

相关标准：
《城镇燃气设计规范（2020年版）》GB 50028；
《环境卫生设施设置标准》CJJ 27。

6. 环卫设施

（1）推广垃圾分类

通过发放宣传单、开展社区活动、公益讲座等方式普及垃圾分类知识，积极推广生活垃圾分类，推动生活垃圾源头分类减量，可将生活垃圾分为厨余垃圾、其他垃圾、可回收物及有害垃圾。

（2）配齐垃圾收运设施

生活垃圾分类收集点应干净整洁，垃圾收集桶应标识清晰；集贸市场、客运站等人流聚集的场所应单独配置生活垃圾分类收集点。

垃圾分类收集车辆配备齐全，其运输能力与实际垃圾产生量相匹配；垃圾转运站选址应充分考虑风向、用地布局、邻避设施等相关因素，与居住区的间距要求满足相关标准要求；同时应建立完善的管理运行制度，做到制度上墙，站内及周边环境干净整洁。

（3）公共厕所

加快对原有公共厕所的改造提升，并结合小城镇用地布局合理设置公共厕所，服务半径不宜大于500m，集贸市场、客运站等人流聚集的场所应单独配置公共厕所。公共厕所配置标准不低于三类水冲厕标准，公共厕所外观、风貌应与周边环境相协调。

公共厕所周边环境应整洁，内部通风良好、干净整洁无异味，并定时保洁消毒。加强公共厕所的运维管理，定期对相关水电设施进行排查检修。

7. 防灾减灾设施

（1）消防设施

小城镇应根据相关标准规范设置消防站，配置消防车、灭火器材、消防员防护装备等，满足5分钟内到达责任区边缘，消火栓间距不大于120m。

（2）防洪排涝设施

根据相关标准，合理确定小城镇防洪排涝标准，完善防洪闸、防洪堤、防洪墙、排涝泵站等防洪排涝设施，提升小城镇防洪排涝能力。

（3）避震疏散

结合绿地广场、小城镇主要道路合理设置应急避难场所和疏散通道，相关配套设施、人均有效避难面积、服务半径应满足相关标准要求。

简约的公共厕所

消防站

消防车

相关标准：

《建筑设计防火规范（2018年版）》GB 50016；

《消防给水及消火栓系统技术规范》GB 50974；

《防洪标准》GB 50201；

《防灾避难场所设计规范》GB 51143。

重点发展镇

    重点发展镇主要包括《江苏省设立镇标准》中的重点镇和经济发达镇，同时包括全国重点镇、省重点中心镇，以及市县确认作为重点发展的镇。

    在达到基础标准的同时，建设应从优化空间格局、塑造景观风貌、提升公共服务、完善道路交通、完善公用设施、打造活力空间、推进产镇融合七个方面着手，高标准打造集聚能力强、功能配置全、经济活力足的美丽宜居小城镇。

一、优化空间格局

良好的空间格局是小城镇美丽外在和宜居内在的前提和基础，建设应从贴近自然田园的关系入手，倡导布局灵活自由，与自然环境融合紧密，呈现与自然山水相融合，与田园林野互为依托的城镇空间格局，避免形态混乱、空间呆板、尺度超大、生态破坏等问题。

1. 维护生态格局

（1）优化生态格局

坚持绿色发展，有度有序利用自然，构建科学合理的生态安全格局。守住自然生态安全边界，筑牢生态屏障，稳定城镇开发边界。坚持保护与利用相结合，合理确定建设规模，注重构建"点、线、面"各类生态用地，形成网络化的生态系统，实现生态环境与城镇空间的有机交融。

宜兴市丁蜀镇整体生态格局

案例：宜兴市丁蜀镇

丁蜀镇以打造显山露水、绿意靓城的生态园林小城镇，营造美丽宜居新丁蜀为目标定位，积极实施生态修复，着力构建以地域山体、河流为脉络，公共空间、绿地为补充的点、线、面有机结合的城乡一体生态绿地系统，实现小城镇与自然相互融合，人与自然和谐共生。

（2）保护生态要素

以自然资源承载力和环境容量为依据，因地制宜保护小城镇山水林田湖格局，系统修复生态环境，保障生态安全。

梳理小城镇生态要素，保留一定比例的湿地、田园、水系等生态用地。完善小城镇生态基础设施，通过除险加固、退耕还林、退渔还湖、生态清淤等方式，保障小城镇可持续发展。

溧阳市天目湖镇退耕还林、退渔还湖

案例：溧阳市天目湖镇

天目湖是溧阳市及周边地区的重要水源地。2016年起，天目湖镇围绕水源地和生物多样性保护工作，从源头入手，大力推进农业面源污染控减、上游来水净化、生活污水整治、生态修复和科学管理保障五大工程。全镇完成退耕还林近3万亩，退渔还湖6500亩，恢复浅滩湿地超千亩，沙河水库生态清淤105万立方米，建成滚水坝10座和水质自动监测站2座，完成生态驳岸超过7000m。

2.优化空间形态

（1）空间形态呼应山水田园

小城镇布局要顺应自然山水田园，尊重山形水势，契合地形地貌，形成良好的空间形态，突出格局特色。

平原类小城镇建筑天际线应错落有致，可通过生态绿地或廊道的建设，将外围自然要素引入镇区内部。

山地丘陵类小城镇建筑天际线宜低于山体轮廓线，或与山体轮廓线相互呼应，建筑不宜全部同高或高于自然天际线。

水网类小城镇建筑布局宜顺应水系、错落有致，形成巧妙的滨水城镇展示空间，避免对原有水系强行截弯取直。

徐州市铜山区汉王镇整体形态

案例：徐州市铜山区汉王镇

  汉王镇统筹生产、生活、生态空间，整合田、园、林、水等资源，创建现代生活魅力小城镇。镇区背靠大窝山等山体，以汉王水库、拔剑泉为核心，依山就势分解缩镇区规模，打造居住组团、颐养组团、景区组团三个发展组团。通过严控建筑高度，预留沿水廊道，达到显山露水的建设效果。

南通市通州区石港镇丰富多样的街区形态

整体空间尺度适宜的昆山市淀山湖镇

（2）促进街区形态多样化

小城镇街区形态应顺应地形，结合不同的路网系统，形成多样化的街区尺度和形态。镇区新建改造过程中，避免采用单一的"方格网"形式或破坏原有街区肌理。

平原地区应尊重原有历史遗迹或小型自然要素，延续传统特色。丘陵地区要顺应等高线布局，减少工程投资并塑造宜人景观。河网地区要顺应河流走向，随水岸线布局，串联沿水街区。

案例：南通市通州区石港镇

千年古镇石港，较为完好地保护了护城河及古街区，保持了"心"形城池的基本格局。镇区在发展过程中，渔湾路、凤凰路、富港路等主次干道的拓宽建设完好地保存了现有镇区格局。在支路巷道的梳理建设中，因地制宜，充分尊重环镇水系，延续建成区的传统肌理和十字形主干道组成多样的街区形态。

（3）保持整体宜人尺度

小城镇建设应体现自然条件对城镇规模的约束，保持宜人的绿地、广场、道路等空间尺度，传统街巷应予以重视与保护。对主要建筑体量和高度进行控制，防止因建筑尺度过大、过高而破坏空间形态。居住建筑高度要与消防救援能力相匹配，建议新建住宅以多层为主，占比应不低于75%，高层住宅不能超过高层一类。

在新镇区拓展时，避免大拆大建或街区尺度过大，应注重与建成区的空间衔接和过渡，形成良好的空间秩序。

相关标准：
《城市居住区规划设计标准》GB 50180。

3. 优化功能布局

小城镇建设应结合自身产业特征，完善城镇功能，强化规划引领，合理布局生产和生活空间，减少相互干扰。同时，生产、生活、生态用地应适度混合，避免完全割裂。

有序推进城镇功能布局优化，整理低效闲置用地，引导集约化发展，避免出现用地粗放、布局混乱等问题。有条件集聚发展特色产业的镇要预留一定发展空间和用地指标。

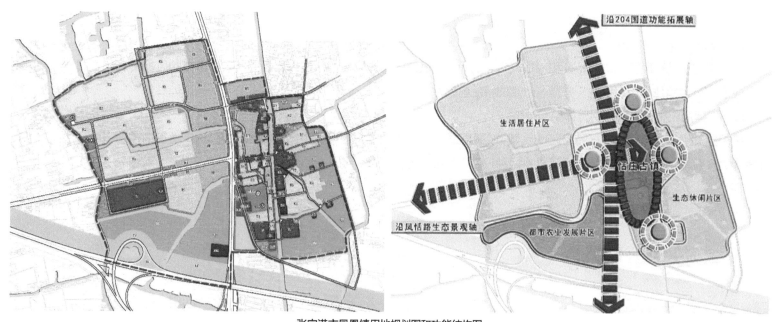

张家港市凤凰镇用地规划图和功能结构图

案例：张家港市凤凰镇

凤凰镇总体形成"一镇、三片、多点"的空间布局结构。"一镇"即204国道东侧的恬庄古镇，是凤凰历史文化名镇各类文化资源最集聚的区域。"三片"分别为西部生活居住片区，东部生态休闲片区以及南部都市农业发展片区。"多点"指各区域以古镇为核心，通过道路和景观廊道串联，各具特色，融合发展。

二、塑造景观风貌

景观风貌是小城镇自然环境、历史传统、人文风情、经济发展的综合表现，是在一定时空领域内相对于其他地区所体现的不同审美特征，核心包含绿地公园、开敞空间等要素，建设应以系统化、生态化、复合化为目标，打造优美且有内涵的景观风貌，避免千镇一面、过度城市化等问题。

1.彰显景观风貌体系

（1）精准确立风貌定位

注重挖掘小城镇风貌的本质特征和内在属性，从而确立城镇的主导风格，从整体层面上指导小城镇的风貌协调和发展方向，风貌体系应注重可传播性和可识别性，并具有一定的特色前瞻性。

（2）构建风貌格局与控制引导体系

风貌控制引导体系可从镇区特定区域或某类空间载体两个方面构建，应根据小城镇的客观实际选择适宜的控制引导方法。对于规模较大、风貌较为复杂的小城镇，也可以将两种控制引导方法进行结合。

丹阳市吕城镇大运河沿线景观

案例：丹阳市吕城镇

吕城镇以运河文化为核心，以大运河"四改三"工程为抓手，通过山水环境、开敞空间和建筑表现等多方面的改造，不仅解决了脏乱差的问题，还展现出有别于千镇一面的运河滨水特色风貌。

2.完善绿地公园

（1）完善景观系统

小城镇景观系统要素包括大小山丘、古树名木、河流、湖泊等自然景观和园林绿化、艺术小品、建（构）筑物等人工景观。

建设应注重"点、线、面"结合，有机组合自然景观要素和人工景观要素，形成网络化系统。加强镇区公园、公共绿地、道路绿化、滨河绿化等景观系统建设，形成层次丰富的镇区绿化景观。公园绿地通过慢行道路连接，服务半径宜为150~300m。

张家港市凤凰镇景观系统规划图和节点公园

案例：张家港市凤凰镇

凤凰镇以河道、水系、主干路为绿地系统骨架，形成线形绿化；结合景观节点、古镇区出入口、桥头开敞空间设置小型公园和街头绿地，构建点状景观节点；结合镇区南侧、东侧的大片生态农田，构筑完整的点、线、面绿地系统。

（2）增补精品绿地

在优化公园绿地布局的基础上，修复破损绿地，改造闲置绿地，增补新建绿地，完善公园内的体育健身、休闲游憩、便民商业、公厕等服务设施，高标准建设综合公园、社区公园、口袋公园。

在集中连片且缺乏公园绿地的街区内，巧用屋顶绿化等手段增加绿量，利用闲置低效土地见缝插绿建设小微绿地，同时对外开放公共设施的附属绿地，公共绿地面积不应低于镇区用地的8%。

南京市浦口区汤泉街道体育文化公园

案例：南京市浦口区汤泉街道

汤泉街道利用闲置地块打造体育文化公园。公园占地约7500m²，其中绿化面积约2300m²，设置了老年活动场地、儿童活动区、成人健身区、篮球场、足球场等，可满足不同年龄层居民的运动、休闲需求。公园还加装庭院灯、草坪灯，在夜间进行引导及区域划分。

相关标准：

《镇规划标准》GB 50188；

《公园设计规范》GB 51192；

《种植屋面工程技术规程》JGJ 155。

（3）打造标志性景观

标志性景观是一种文化名片，在宣传小城镇形象方面有巨大的流量效应。因镇制宜设置标志性景观，景观的选址、体量以及形式需与周边环境协调。

张家港市凤凰镇凤凰湖

案例：张家港市凤凰镇

凤凰湖地处凤凰山北麓，面积40公顷，各类景观节点36处。凤凰湖湖区由大小三个湖组成，与三干河清水走廊联通，湖区之间有偃月桥、相思桥、朝凤桥和状元桥四座拱桥串联成景。湖区北侧建有鸟岛、生态湿地，湖区南侧为高山区，山上设有登山道、自行车道和慢步道。湖区西侧设有一座18m高的凤凰主体雕塑，成为凤凰景区的一大亮点。

（4）补充完善景观环境设施

完善补充小城镇景观小品、座椅、指示牌、路灯、垃圾桶等各类街道家具，开放绿地内休息座椅数量宜为20~50个/公顷。街道家具设计应融合当地文化，体现地域特色。

在景观小品、铺装、设施等设计和建造上尽量就地取材，道路广场的铺装材料应充分选用当地建筑材料，如鹅卵石、青石板等。有条件的地区建议新建绿地内透水铺装率不低于50%，改建绿地内透水铺装率不低于30%。

张家港市锦丰镇滨河公园休闲走廊

相关标准：
《透水砖路面技术规程》CJJ /T 188；
《透水沥青路面技术规程》CJJ /T 190。

3.完善开敞空间

（1）优化开敞空间体系

加强镇区主次干道、街边绿地、滨水空间、景观活动广场等重要节点绿化美化和有机串联，与自然山体、水系等生态系统共同形成布局均衡、功能齐全、方便可达的小城镇开敞空间体系。

泰兴市虹桥镇水绿走廊

泰兴市虹桥镇长江生态文化街区

案例：泰兴市虹桥镇

虹桥镇先后建成开放虹润湿地公园、四桥港风光带、生态廊道虹桥先导段、长江生态文化街区等生态工程，共同组成小城镇丰富的开敞空间体系。虹润湿地公园水连湿地、草甸漫漫，生态水岸、观景亭廊、运动休闲等基础设施一应俱全。长江生态文化街区将秀美清新的自然江景融入新城建设，使景中有城、城中有景，两者相得益彰。

（2）提升开敞空间复合功能

通过植入多元业态和服务设施，建设满足居民休闲、交流、健身、活动、科普等多样化需求的复合功能型空间。提升开敞空间开放度和使用效率，充分发挥开敞空间的生态功能、使用功能、景观功能、文化功能和经济功能。

昆山市陆家镇空间结构图和吴淞江生态公园

案例：昆山市陆家镇

陆家镇吴淞江绿色廊道全长1300m，宽度约100m，合计占地面积约13万m²。三条主要慢行线贯穿整个绿色廊道，并有节奏地布局3处居民健身场地、1处儿童乐园场地、7座景观廊架、3座公共卫生间、9处下凹式小湿地、多个休憩座椅、130个机动车停车位、80m非机动车停车位等，充分实现了功能性、生态性、景观性的复合相融。

（3）建设精品空间节点

结合自然要素和城镇功能，在小城镇主要通道和出入口、城镇客厅、标志性建筑周边等位置，合理设计打造关键节点。空间节点应采用地方材料和元素，结合空间特色和地形地貌打造，凸显小城镇文化气质，展示蓬勃的发展面貌。

仪征市月塘镇标志"山水月塘"

案例：仪征市月塘镇

月塘镇标志位于S333省道与中兴南路交叉口，是对外展示月塘形象的重要节点。月塘镇标志以"山水月塘"为主题，主景为三块灵璧石，下有三层水池，采用镜面水景与叠水瀑布相结合的形式，动静之间展现了月塘"生态""自然""富有灵性"的鲜活形象。

4. 倡导绿色低碳

（1）鼓励低碳模式

落实公共交通和慢行交通优先的发展导向，鼓励在小城镇发展公共自行车等共享交通。在满足居民出行需求的前提下，鼓励居民以步行、自行车为主要出行方式。

推动充电桩、换电站等新能源基础设施建设，满足日益增长的电瓶车、电动汽车等交通出行需求。

（2）应用绿色技术

积极推广应用绿色建筑相关技术和绿色建材，加强设计、施工和运行管理，逐步提高各类建筑中绿色建筑的比例。

鼓励因地制宜使用太阳能、风能、地热能等可再生能源，促进建筑一体化设计建设。

推广既有居住建筑改造绿色技术应用，推动多种可再生能源技术在既有居住建筑中复合应用，提升居住的舒适度。

相关标准：

《绿色建筑评价标准》GB/T 50378；

《江苏省绿色建筑设计标准》DB32/3962。

三、提升公共服务

推动公共服务从按行政等级配置向按常住人口规模配置转变，构建多级服务功能，增补各类活动设施，统筹布局建设学校、医疗卫生机构、文化体育场所等公共服务设施，显著提高教育卫生等公共服务的质量和水平，解决服务体系不全、服务设施陈旧等问题，建设宜居便捷的生活环境。

1.生活圈公共服务体系

践行生活圈理念，规模较大（镇区人口3万以上）的城镇应配置五分钟和十五分钟生活圈两级公共设施，按照配建要求合理配置相应服务设施。具有旅游发展潜力的小城镇应合理配置旅游服务设施。

五分钟邻里生活圈按照老幼优先的原则，将幼托、便民商业、邻里中心、活动场地等小型高频使用设施优先就近布局。邻里生活圈充分考虑设施的小型集约、落地可行、服务便捷，打造基层小微中心，提供一站式便民服务。

十五分钟社区生活圈主要与镇区相对应，普惠性生活服务设施完整齐全。建议采用复合型服务中心模式，集约布置，开放共享。借助绿色慢行系统，将服务中心和公共设施、公共空间、绿地绿道等连接起来，形成覆盖社区的公共服务网络。

案例：南京市江宁区汤山街道

汤山街道着力打造"镇级—基层社区级"两级公共设施体系，提升小城镇竞争力和吸引力。镇区级公共服务中心结合汤水河的滨水空间整治同步建设，整合党群服务中心、商务办公、体育公园等主要公益性公共服务功能，形成用地复合的城镇公共服务中心，服务涵盖全镇域。

相关标准：
《城市居住区规划设计标准》GB 50180；
《完整居住区建设指南》。

南京市江宁区汤山街道公共设施核心片区鸟瞰

案例：江阴市新桥镇

2017年始，新桥镇将社会保障、户籍管理、社会救助、项目审批等一系列行政职能整合进入政务服务中心，全面承接市级下放的改革权限，以"五个办"提高服务效能。

江阴市新桥镇政务中心

昆山市陆家镇蓁溪幼儿园

案例：昆山市陆家镇

陆家镇蓁溪幼儿园位于镇区香花路东侧、新乐佳苑北侧，占地约为24.6亩，规划设计为8轨24班，建筑面积约为1.6万m²。幼儿园与多个国内外教育机构合作办学，极大完善和提升陆家镇学前教育设施布局。

相关标准：

《中小学校设计规范》GB 50099；

《托儿所、幼儿园建筑设计规范》JGJ 39。

2.公共管理设施

完善党政机关、社会团体、事业单位等办公机构及相关设施布局，建设小城镇政务服务中心，满足不同生活圈居民的步行要求。有条件的小城镇可推动互联网＋政务服务系统建设。

3.教育设施

鼓励社会资本参与民办托儿所、幼儿园建设，加快构建城乡全覆盖、质量有保证的学前教育和义务教育设施。镇区实现等级幼儿园全覆盖，积极引进优质中小学教育服务设施。

有条件的区域可统筹推进城乡义务教育一体化改革发展，实施区域义务教育集团化办学，推进镇区学校与城区优质学校组建教育共同体。推进"互联网＋"义务教育，深化在线开放课程、微课等数字资源建设，实现义务教育优质均衡发展。

4.文化设施

小城镇应通过新建或改造提升，打造至少1个高品质综合文化场所，并结合邻里中心、商贸综合体等建筑复合设置社区图书室或社区文化家园。有条件的重点发展镇可单独建设公共图书馆、文化馆，也可结合体育设施打造综合性文体中心。

张家港市凤凰镇河阳山歌馆

案例：张家港市凤凰镇

凤凰镇河阳山歌馆建筑面积3800m²，设有门厅、河阳山歌展示馆、历史文物陈列馆、历史名人馆、民俗风情长廊、学术研究中心、培训学校、山歌演艺馆、特色展示馆以及凤凰阁十大功能场所，是集展示演艺、学术研究和文化交流等功能于一体的综合性文化设施。

5.体育设施

加强体育比赛、训练、教学以及群众健身活动的各种场地、场馆、建筑物、固定设施建设，结合公园绿地建设篮球场、羽毛球场、门球场、足球场等户外体育设施，鼓励增设儿童游乐场、攀岩、滑板等特殊运动场地。人均室外体育运动设施用地面积不宜少于0.3m²，人均室内体育用地建筑面积不宜少于0.1m²。

提高场馆利用率和服务水平，开展多层次、常态化的赛事、节庆、文艺娱乐等公共活动。探索封闭体育设施对社会开放，提高体育公共服务的供给质量。

常州市武进区横林镇全民健身中心

案例：常州市武进区横林镇

横林镇全民健身中心总用地面积1.4万m²，建筑层数为地上3层，地下1层。其中地上3层主要为游泳、健身、篮球、羽毛球、乒乓球等健身服务的综合馆；地下1层为停车及相关辅助配套用房。中心包含一个50m×25m游泳池、一个50m×12.5m游泳池、8片标准羽毛球场地和2片篮球场地、1000m²健身房，另外还配套乒乓球、跆拳道、文体艺培训、体育用品特色专卖店等项目。

6.医疗卫生设施

提升乡镇卫生院医疗服务条件和服务能力，引导政府和社会资本合作建设，实现基本医疗服务能力达标升级，重点补充完善社区卫生服务中心和服务站，加强防护设备和初期诊疗设施供给，强化突发公共卫生事件的初期诊疗能力。

鼓励乡镇卫生院与高等级医疗机构建立合作，建设远程诊疗及分级诊疗信息系统，提供快捷、高效、智能的诊疗服务。推动有条件的乡镇卫生院创建相应等级的医院。

昆山市锦溪镇人民医院（二级乙等）

案例：昆山市锦溪镇

锦溪镇人民医院一期建筑面积2.9万m²，包括门诊部、急诊部、住院部、手术中心等八大功能区块，是全国老年医院联盟理事单位。根据二级综合医院标准，规范设置临床和医技科室，其中内科、外科、老年科、中医科、检验科等9个科室为昆山市镇级重点专科。

相关标准：

《综合医院建筑设计规范》GB 51039。

7. 多元养老服务

建设乡镇养老照料中心、养老院、居家养老服务中心等养老服务设施，加快居家养老服务中心建设，扩面与提档并举。每个镇建成区至少建有 1 个居家养老服务中心，可依托邻里中心等社区服务场所复合设置。

加强养老服务与医疗资源布局衔接，拓展健康服务。鼓励社会力量兴办医养结合机构，开展养生、保健、医疗、康复、护理等服务。支持市场主体开发和提供专业化、多形式的家庭健康服务。

常州市金坛区茅山镇茅山颐园

案例：常州市金坛区茅山镇

茅山颐园聚集国内优秀的医疗资源，将传统的"住"和新型的"医""养"结合起来，打造宜居的颐养健康生活小城镇。茅山颐园除CRCC老年公寓、老年大学、度假酒店外，核心配套江南医院，对照国家三级综合医院和国际JCI标准，与国内外知名医疗机构进行合作。

相关标准：

《养老机构等级划分与评定》GB/T 37276；

《养老机构基本规范》GB/T 29353；

《养老机构服务质量基本规范》GB/T 35796；

《老年人居住建筑设计规范》GB 50340。

四、完善道路交通

在区域交通一体化、交通系统构建等方面应具有一定的前瞻性。构建完善的路网体系，发展公共交通，优化慢行系统，提升停车配建水平，形成外畅内达、绿色高效、配套完善的综合交通体系。

1. 构建外畅内达的交通体系

（1）对外交通

完善对外交通体系，打通与周边高速公路、国省干线的联系通道，应至少有两条四级以上公路连接周边中心城市。

对外通道应与镇区路网进行合理的功能分工，可通过构建镇区环路，降低过境交通对内部交通的干扰。提升改造县乡公路，积极推进美丽公路建设。

道路宽度大于双向 6 车道时，应设置安全岛，确保行人安全。

案例：南京市溧水区石湫街道

石湫集"空""陆""水"交通优势为一体，距南京禄口国际机场15km，15分钟车程；距南京南站40km，40分钟车程；规划宁宣黄铁路在石湫设站，境内有S38、G235、S341等公路干线，5分钟上高速；轻轨S9号线在石湫境内设有2个站点（石湫站、明觉站），20分钟到达机场，40分钟到达南京南站。

南京市溧水区石湫街道城市轻轨及道路设施

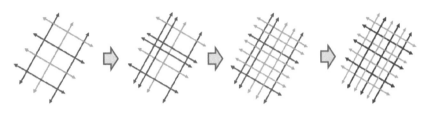

路网模式改造示意图

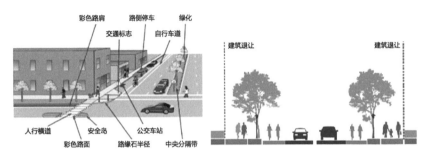

主干路横断面标准示意图　　　　主要道路路权分配示意图

（2）内部路网

按照"窄马路、密路网、小街区"模式，打通断头路，改善拥堵点，消除"瓶颈路""卡脖子"路段，提高路网整体水平。差异化设置镇区不同功能片区的路网规模，适当提升商业区与居住区的路网密度。根据实际需要设置工业片区的路网密度。道路断面设计应充分考虑慢行及机动车的需求，人行道宽度宜不小于2.5m。加强道路绿化，注重道路通行空间的打造。

主干路保障路权合理分配，道路宽度一般不大于40m。明确行人和非机动车的路权空间，规范设置非机动车道、过街设施，保障慢行交通的品质。

次干路道路宽度20~35m，保障非机动车以及行人通行空间。承担集市功能的城镇道路，可在特定时间段开放作为集市，其余时间可作为非机动车专用道路。

支路道路宽度一般不大于20m。可采取稳静化措施，适当控制机动车速度。提升街道氛围，积极塑造宜人的街道空间。

改造前

改造后

改造前

改造后

南京市浦口区景观道路整治前后对比图

案例：南京市浦口区汤泉街道

木兰路为九龙湖周边主要环湖景观道路，由于道路建设年代久远，较为破旧。街道投资约4300万元，实施硬质景观、种植软景、路灯照明、排水及景观小品等工程，对道路及周边环境进行提档升级。改造优化了汤泉街道旅游交通设施体系，大大提升了度假区形象。

相关标准：
《城市综合交通体系规划标准》GB/T 51328。

2.加强公共交通体系建设

建立完善的中心城市—城镇—乡村三级公交体系。根据居民出行需求，合理规划路线，通过优化线网、增加班次、设置公交专用道及专用信号灯等方式，提高运行速度，提升常规公交的服务能力。

通过中心城市公交线路的延伸，覆盖镇区主要道路。结合主要客流点设置换乘枢纽，实现城镇公交、镇村公交与城市公交线路之间的衔接换乘。全面开通镇村公交，可结合乡镇客运站设置公交首末站。

加快公交信息化、智能化建设。结合旅游资源，提供季节性、时间性的旅游专线公交。结合居民出行习惯，可在主要公交站点设置电动车停放处。

3.打造慢行友好环境

加强慢行空间的建设，包括非机动车专用路、非机动车专用休闲道、城市主次干路上的非机动车道，以及主要公共服务设施周边、客运走廊周边城市道路上设置的非机动车道，非机动车道宽度不宜小于2.5m。

注重慢行环境的品质提升，针对慢行空间的遮阴、绿化、休憩设施、路面铺装以及与停车场、公交站点的衔接，进行完善提升。鼓励有条件的小城镇因地制宜建设公共自行车服务系统。

昆山市陆家镇慢行空间打造

相关标准：
《城市综合交通体系规划标准》GB/T 51328。

立体停车与充电桩

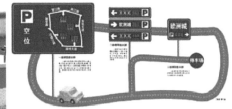

智慧停车收费与引导装置示意图

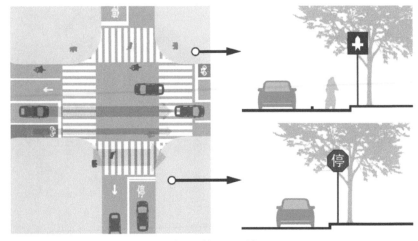

交通设施设置示例

4. 提升停车配建管理水平

完善公共停车场电动汽车停车位配建，规范设置建筑停车位配建指标，住宅类配建指标应与城市机动车拥有量相适应，非住宅类建筑物配建指标应结合建筑物类型与所处区位差异化设置。医院等特殊公共服务设施以及行政办公、商业、商务等建筑的配建指标应设置下限。

合理布局公共停车场，在符合条件的城市绿地与广场、公共交通场站、城市道路等用地内，可采用立体复合的方式设置公共停车场。

整治占道停车，制定停车收费标准，引导停车场共享，加强智能停车引导设施建设。

5. 完善道路交通设施

加强对交通设施的建设、管理、维护，保障交通畅通、减少交通事故。

在主次干路交叉口设置干路先行、停车让行或减速让行标志。视距不良的交叉口应修剪路侧树木，保证交叉口的视距条件。

设置"限速""慢行""校车""注意儿童"等警告标志，一杆多示，减少标识标牌数量。在邻水路段设置安全防护栏，避免发生落水事故。

句容市茅管街道路内停车设置

五、完善公用设施

重点发展镇应在一般小城镇的基础上，全方位、高标准建设各类公用设施。建成区结合道路改造统筹小城镇地下给水、排水、电力、通信、燃气等管线布局，做到"一次开挖，全面改造"；新建区对各类设施、管线进行统一规划建设，充分满足各专业管线敷设需求，有条件的可开展地下综合管廊试点建设。

1.给水设施

加快推进区域间互联互通的多水源供水管网建设，充分利用现有给水干管，结合给水管网改造、更新，建设成布局合理的环状管网，提高供水可靠性。

做好水质跟踪监测，重点对管网末端、二次供水管网进行水质监测，加强水质预警能力，有条件的可开展直饮水试点建设。

2.排水设施

（1）雨污水管网全覆盖

结合雨污分流改造、道路改（新）建，全面建设雨水管道，充分满足地块、道路的雨水排放要求。

污水管道检测

污水管道修复

建成区全面推进污水管网改造和建设，宜开展污水管网排查和检测工作，加快实施雨污错接混接改造、管网更新、破损管网修复改造，实现雨污分流，并同步推进居民小区、公共建筑和企事业单位内部管网改造，全面消除污水直排口及管网空白区。

新建区应高标准实施管网建设，并做好与原有污水系统的衔接，实现小城镇污水管网全覆盖。

（2）污泥、污水资源化再利用

加快推进污水处理厂提标改造，提升污水处理厂运行管理水平，尾水排放满足相关标准要求，污泥能够得到无害化处理、资源化再利用。

鼓励加大再生水利用设施建设，小城镇生活污水处理厂再生水可用于河道生态补水，小城镇绿化、道路清扫、车辆冲洗、建筑施工等用水可优先使用再生水，节约水资源。

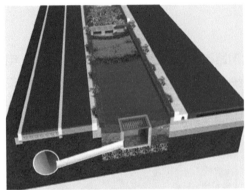

下沉式绿地示意图

道路两侧人行道透水混凝土

张家港市南丰镇道路旁下凹式绿地

缆线管廊示意图

（3）推广海绵设施建设

加快推进海绵设施建设，积极推广以滞、蓄、净为主的低影响开发建设模式，建设绿地公园、海绵型道路、下沉式绿地等海绵设施，优化渗透、调蓄功能，增强雨洪管理能力，控制地表径流与面源污染。

3. 电力设施

小城镇电网建设应采用"N-1"准则，即高压变电所中失去任何一回进线或一组降压变压器时，必须保证向下级配电网供电，充分保障供电可靠性；重要建筑、医疗单位、用电大户等应单独设置专用线路供电，并设置备用电源。

推进智慧电网建设，结合充电站、充电桩布局优化电网结构，充分预留相应电力接口，建设多种能源优化互补的综合能源供应体系，支撑分布式电源接入、电动汽车充放电等业务。有条件的小城镇可建设缆线管廊，将电力线路纳入管廊中，集约管位，方便管理。

4. 通信设施

进一步提升4G网络信号质量，加快部署5G网络设施，建设新一代数字基础设施，推进物联网技术在小城镇发展、管理及惠民服务等领域的应用。

加快光纤网络改造建设，提升宽带网络速度。有条件的小城镇可建设缆线管廊，将各运营商通信线路纳入管廊中，集约管位空间。

5.能源设施

积极引入天然气等清洁能源，因地制宜发展风能、太阳能、地热能等可再生能源。

靠近城市热源点的小城镇应优先引入城市集中供热管网，满足小城镇用热需求，不具备引入条件的小城镇可结合自身产业特点和实际需求，自建热源点，可选用天然气、生物质等清洁能源，同时有条件的小城镇可结合新建小区开展集中供热试点小区建设，推广民用供热。

风能   太阳能

6.环卫设施

（1）建立垃圾分类收运体系

建设分类投放、分类收集、分类运输、分类处理的生活垃圾分类收运处置体系。厨余垃圾由小城镇建设处理终端自行处理，其他垃圾进入城乡统筹生活垃圾收运处理体系，由城市垃圾终端处理设施进行无害化处理，有害垃圾按相关规定统一收运处理，可回收物由废旧物资回收站或资源回收企业处理。

有条件的小城镇可建设生活垃圾分类示范小区，垃圾分类收集设施维护管理到位、分类监管到位。

垃圾分类投放站

干净整洁的垃圾转运站

大件垃圾分拣（贮存）中心

垃圾收运车辆

简约美观的公共厕所

厨余垃圾处理终端

（2）完善垃圾收运处置设施

合理布局生活垃圾分类收集点，配置分类垃圾收集车辆，各类垃圾独立收运。

垃圾转运站宜兼具压缩、分拣（贮存）功能；合理设置大件垃圾和装修垃圾堆放场地；加快建设厨余垃圾处理终端，为开展垃圾分类提供末端处理设施支撑，该终端可与垃圾转运站合建。

（3）公共厕所

合理布局公共厕所，具有旅游功能的小城镇应适当建设旅游公厕，配备母婴室及第三卫生间，满足特殊人群需求。

提升公共厕所卫生水平和服务质量，建立定期保洁养护制度，加强小城镇导厕信息标牌的建设。

7. 防灾减灾设施

（1）消防设施

小城镇应按照相关标准要求设置消防站，配齐各类消防设施，并建立先进的火灾报警和消防通讯指挥系统，提高接警出警效率。

（2）防洪排涝设施

严格按照小城镇防洪排涝标准落实相关设施建设、改造及加固，巩固加强主要河道排水能力，河道两岸高程按照相关标准建设并做好滨河绿化，理顺水系，疏浚整治河道，提升小城镇防洪排涝能力。

（3）避震疏散

合理设置应急避难场所，确保交通便捷、标识清晰、相关配套设施齐全，人均有效避难面积、服务半径满足相关标准要求。

积极组织居民群众开展防灾避难、自救互救等技能培训或演练活动。

（4）人防设施

建成较为完善的人防综合防护体系，达到能应付信息化条件下局部战争空袭的基本要求。

小城镇重点地区应按照规划要求建设人防工程，在人流集散的大型商场、影剧院、旅馆、医院、学校、政府机关等处修建一定规模的平战结合的掩蔽工程；车站、桥梁、对外公路及重要生命线工程要作为重点防护目标，设置专门的工程抢修系统。

有条件的小城镇新建民用建筑时，可按不含应建防空地下室的总建筑面积5％至9％的比例建设防空地下室 。

应急避难场所指示牌

相关标准：
《江苏省防空地下室建设实施细则》。

应急掩蔽场所指示牌

六、打造活力空间

富有活力的公共空间是建设高品质小城镇的关键，充分挖掘小城镇在资源禀赋、区位环境、历史文化等方面的优势，塑造活力核心，提升街区品质，解决街道杂乱、中心破败、居住空间混杂、活力缺失等问题，建设吸引人的活力小城镇。

1. 培育活力中心

（1）培育城镇活力核心

公共空间应从关注"好看"到注重"好用"，塑造复合多样的人性化公共空间。鼓励商业、居住、绿化等用地适度混合，形成功能混合、系统叠加、空间宜人的活力商业中心或综合服务中心。

制定措施扶持老字号，培育发展新零售，完善特色商贸服务功能与设施，可适当与娱乐消遣、地域特色体验、旅游等活动相结合，构建独具地域特色的业态形式。

太仓市浏河镇市民广场

案例：太仓市浏河镇

浏河镇市民广场位于浏河新城中心，与北侧的浏河镇行政中心和南侧文化中心共同构建浏河新城中心活力核。市民广场以凸现文化、娱乐、休闲、集会功能为主题，以行政中心与文化中心连线为主轴，分别布置有北侧广场入口区、中央下沉式广场演艺集会区、南侧文化娱乐区和沿中央广场两侧布置的以环形花架、各类铺地、绿化构建的休闲健身区，通过步行街与东西两侧商业区有机结合。

（2）塑造文体活力载体

结合城镇资源禀赋和文化特色，积极建设文体活动设施和开放空间载体，为开展民俗体验、文化活动、体育赛事、节日节庆、文艺演出等文化活动提供条件，通过品牌塑造带动城镇建设。

推动公共建筑周边空间开放共享，整合建筑、滨水和水上空间，灵活设置亲水平台、沿水台阶等，增加交往游憩场所。

张家港市凤凰镇承办少儿足球赛

案例：张家港市凤凰镇

凤凰中心小学占地56亩，共8轨48班，校内设有1个可承接国际级标准赛事足球场和4个五人制足球场，以此为基地的"贝贝足球"已成功承办多届，是国内举办最早、届数最多、坚持时间最长、影响范围最广的一项全国性少儿足球赛事。

2. 提升街区品质

（1）街道环境改善提升

消除小城镇道路（含机动车道、非机动车道和人行道）上的各种乱占道现象，改善日常出行条件，保障街道安全，塑造全龄友好环境，增补健身活动空间，优化沿街界面风貌，提升城镇家具公共艺术化品位。

宜兴市丁蜀镇改造后的南河浜

案例：宜兴市丁蜀镇

南河浜位于丁蜀镇老城区，为提升街区整体环境，丁蜀镇于2017年启动实施了南河浜街区环境综合治理。前期对河浜两侧的部分房屋进行拆迁，腾出管线、道路空间，重新铺设排水系统，实行雨污分流、强弱电入地，彻底切断了岸边污染水源。经过整治和提升，完成周边铺装面积7000m²，泵房、长廊、九曲桥、公厕等基本建成。"龙须沟"摇身变成景观河，广受周边居民好评。

淮安市洪泽区蒋坝镇老街日常情况和节庆场景

（2）塑造复合街道空间

营造宜人街道空间，生活道路高宽比以1:2左右为宜，不宜低于1:4。

鼓励通过人性化改造，打造步行友好街道，并与水网、绿网、公共设施网络等多网复合，丰富街道业态，增强交往活动，形成富有活力的街道公共生活空间。

案例：淮安市洪泽区蒋坝镇

蒋坝镇于2013年对街道环境进行集中改造，通过建筑立面整治、铺装设置、杆线入地和鱼小圆IP、街道家具的补充，多种商业业态的注入，主街已焕然一新。街道改造后，日常作为人车混行的双向两车道镇区主路，在重大节日期间，通过交通管制，形成纯步行街道。街道自改造后，已多次成功举办"蒋坝·百桌船帮宴""螺蛳节"等特色活动。

江阴市新桥镇绿园社区、黄河社区中心

（3）建设社区中心

因地制宜布局和建设面向社区、功能复合、便民惠民的社区中心，提供医疗、养老、文化、健身、邮政、零售、餐饮、维修等复合的"一站式"社区公共服务。社区中心服务半径满足 5~15 分钟步行距离要求。

案例：江阴市新桥镇

新桥镇先后建成绿园、黄河、康定、新桥四大社区，管理2万余居民。各社区集党建、居民自治、文化建设、网格治理等为一体，采用"党建引领、网格化定位、片区式服务、信息化管理"的模式，提高社区服务水平。各社区中心功能齐全，建有文化、体育、居家养老、心理咨询、党员教育、医疗服务、政务办理等功能，成为服务居民的新阵地。

3.提升住区品质

（1）老旧小区系统整治

针对老旧小区或镇中村，通过增加门禁系统、完善安防设备、畅通消防通道、排除隐患线路等方式，消除住区安全隐患。同时引导发展社区服务，改善环境卫生，通过清理违法建筑等方式增加公共活动空间，增补停车设施。老龄化人口较多的社区通过增加无障碍设施、老年人扶手座椅等装置，开展适老化改造。

昆山市玉山镇中华北村、周市镇惠安新村改造

案例：昆山市玉山镇、周市镇

玉山镇、周市镇按照10项"菜单式"改造内容，对94个老旧小区进行改造提升，进一步改善老旧小区居住环境。改造内容包含修缮翻新屋顶立面、道路平整等，同时合理设置小区景观绿化和健身设施，满足居民日常休闲需求，因地制宜增设停车位，缓解小区停车矛盾等。

（2）鼓励混合住区

鼓励混合单元住区试点，统筹考虑常住人口与流动人口、高中低收入人群等多层次的住房需求，从居住供给上实现多元化、精细化、全覆盖。倡导在住区适当预留服务空间，提供就地就近创业就业的机会。

（3）新建住区建设提标

延续小城镇居民原有的邻里关系，避免照搬城市居住小区模式，鼓励建设开放式街坊住区，建议单个住区街坊不大于10公顷，街坊内部以巷路相连，增加居民交流交往。

大力发展混凝土、钢结构等装配式建筑，鼓励运用装配式建筑技术建设集中安置房和各类住宅小区。积极推进土建装修一体化，推广应用模块化户型组合、菜单式个性装修、集成式装修等定制服务。

有序开发建设农民集聚区，提升住房市场供给品质，积极引入品牌开发企业，建设安全住区、全龄住区，有条件的地区建设绿色住区、智慧住区，加强建筑科技创新与应用，推进绿色建筑高质量发展，提升物业服务管理水平。

江阴市新桥镇圩里新村、东方花苑

案例：江阴市新桥镇

新桥镇率先推动"产业集约化、农业规模化、农民市民化"的"三集中"建设，全镇已先后建成新桥花园、新都苑、东方花苑等近20个花园式安置小区、160余万平方米的安置房，小区功能齐全，生态宜居，"工作在园区、活动在社区、生活在小区"成为新桥人生动的写照。

七、推进产镇融合

1.培育产业集聚区

（1）加强产业集群化发展

小城镇建设应依托地区资源禀赋，发挥优势，做大做强主导产业，培育做优地方特色产业，着力打造优势明显、布局合理、配套完备的特色产业集群，塑造特色产业品牌。

邳州市碾庄镇五金机械产业园

案例：邳州市碾庄镇

碾庄镇围绕"建设省级特色产业集群、打造宜业宜居美丽碾庄"的发展定位，突出特色，以产业推动小城镇发展，坚持"工业立镇、产业强镇"。作为徐州市产业布局中的五金机械特色产业园，注重与中心城市及周边城镇的产业联系，不断完善和延伸产业链条及服务配套，实现经济社会持续快速发展，形成了全国最大的手动五金工具制造基地。

（2）培育高效优势产业

挖掘本地基础最好、潜力最大的优势产业，聚力发展，做精做优，提升效益。注重培育龙头企业，走品牌化建设的道路，引导生产要素向优势企业、优势产业、优势区域集中，打造具有持续竞争力和发展特征的产业链，提高特色产业集群发展质量。

泗洪县双沟镇白酒工业园区

案例：泗洪县双沟镇

双沟镇将传统的白酒酿造产业作为主导产业，在发展壮大双沟酒业集团的同时，积极扶持民营酒厂，形成了"1+19"（双沟酒业集团+19家民营酒厂）的白酒特色产业集群。同时积极发展关联性产业，如酒类酿造、食品加工、印刷包装等。

（3）加强低效产业整治

严格执行节能、环保、质量、安全、空间规划、市场监管等政策法规及技术标准，通过市场化、法治化的方式，实现企业区域集聚化、生产清洁化、管理规范化。

建立"一企一档"企业整治动态管理机制，依法排查整治无证无照、无安全保障、无合法场所、无环保措施的"四无"企业（作坊），重点解决企业生产经营中存在的违法用地、违章建筑、违法经营以及安全生产、环境保护、节能降耗、产品质量等不达标问题。有序关停安全、环保隐患突出的企业，淘汰效益低下的零散企业。

宝应县氾水镇腾退低效产业引入高端企业

案例：宝应县氾水镇

氾水镇在城镇人居环境整治过程中，逐步淘汰老镇低端工业，将零散工业企业集中入园，引入高端业态，初步形成以骏升、银宝为龙头的电子电器、纺织两大支柱产业，以及玻管、船舶配件等特色产业，形成结构合理、优势互补、配套合作的规模企业梯队。

2. 推进产镇一体化建设

不倡导远离镇区独立构建"产业新城"应以"镇园合一"或产业综合体的发展模式，助力小城镇实现"产镇融合"。

（1）推进镇园合一

以"精简、统一、高效"为原则，把产业园区直接建在集镇区以及邻近区域，依托镇区公共服务设施，解决园区生活配套问题，从而促进产业和城镇的互动融合、协调发展，促进土地的集约利用和人口的集中聚集，整合区域资源和行政资源，节省成本，形成规模经济效应。

（2）建设产业综合体

产业综合体是以完整的产业链为核心，以完善的产业配套为支撑，以完备的生活配套为保障，能够实现产业自我聚集、自我发展的新型园区空间模式。产业综合体可以脱离镇区的部分生活配套而独立运转，通过农业、工业、商业、服务业、地产业的协同发展，实现产镇融合。

东台市富安镇航拍图

案例：东台市富安镇

富安镇大力推行农民向镇区集中，农田向规模经营集中，工业向园区集中，逐步实现了"镇园合一"。除建设高标准智能催青孵化区、制丝生产区、织造生产区外，还重点建设科技楼、接待中心、阳光假日酒店、茧丝绸文化馆等商贸服务设施，吸纳万余名农村剩余劳动力及外来务工人员到镇区就业。同时，富安镇的科技、教育、卫生、文化事业也为茧丝绸产业的发展提供了公共服务和配套。

无锡市惠山区阳山镇田园东方

案例：无锡市惠山区阳山镇

阳山镇田园东方集现代农业、休闲旅游、田园社区等产业为一体，倡导人与自然和谐共融与可持续发展，通过"三生"（生产、生活、生态）、"三产"（农业、加工业、服务业）的有机结合与关联共生，实现生态农业、休闲旅游、田园居住等复合功能。

3.推进产业社区建设

（1）完善产镇功能

以职住平衡为导向，优化用地布局，明晰空间发展结构，合理划分功能分区，优化小城镇空间布局，建设宜居宜业小城镇，实现用地空间统筹协调。

在生产功能的基础上，逐步完善生活服务配套功能。完善通信、水电、交通运输等基础设施的建设，加快人才公寓、零售商业等生活配套设施建设，加强教育、社会保障等公共服务体系建设，为地区产业集群发展创造优越的环境，提升城镇的综合承载能力。

苏州市吴中区甪直镇小镇客厅

案例：苏州市吴中区甪直镇

甪直镇素有"模具小镇"的称号，以建设小镇客厅产业孵化载体，作为模具科创交流中心基地，成为甪直模具产业发展的重要窗口，吸引社会各界人士和企业入驻甪直。同时，小镇努力营造"引得进、留得下、住得久"的创新氛围，建设人才公寓，打造甪直模具企业核心员工和创业人群工作、生活、交流、融资的人才综合体。

（2）打造产业创新中心

加大对小城镇产业发展的支持力度和资金补助，为企业的创新发展提供各种条件；积极布局产、学、研一体化的发展模式，加强科研院、高校、企业三方之间的协作，推动技术创新成果转化、产业创新孵化，提升小城镇产业集群的综合竞争力。

扬中市新坝镇智能电气产业园

案例：扬中市新坝镇

新坝镇通过成立华北电力大学扬中智能电气研究中心等服务智能电气产业的产、学、研协同创新平台，为企业创新转型打造"新引擎"。同时，积极建设专家工作站，引进高层次人才开展科技研发和成果转化，区内现有院士工作站 7 家、博士后工作站 5 家、国家级技术研发中心 1 家、国家"863计划"成果转化基地 1 家，与 90 余所高校、科研院所建立了长期稳定的产学研合作关系。

（3）优化营商环境

积极营造透明高效的政务服务环境及开放便利的投资贸易环境，制定灵活的优惠政策，引导支持乡贤回归并返乡创业，吸引资金回流、企业回迁、项目回归。同时推动农村土地流转，加快人口向着城镇聚集，为产业集群的发展提供人口与土地支持。

东台市富安镇茧丝绸文化馆和丝绸大厦

案例：东台市富安镇

富安镇出台若干优惠政策，鼓励新兴产业、新特产业发展。通过招商引资，招才引智，与南京农业大学合作创建首个"茧丝绸技术学院"，并筹建"中国茧都书院""中国茧都文化中心""茧丝绸图书馆"，鼓励各类企业加快转型发展，引导各类创业主体及创业人才融入"大众创业、万众创新"热潮。

特色小城镇

　　特色小城镇包括《江苏省城镇体系规划（2015—2030）》中的特色镇，同时包括已经公布的历史文化名镇、产业特色镇、自然生态特色镇、特色景观旅游名镇等类型。

　　建设特色小城镇，应彰显自然风光、塑造特色空间、传承特色文化、培育特色产业，避免采用求大求全、照搬城市化、破坏特色资源的建设思路。

　　历史文化名镇应重点保护传统空间格局和具有公共记忆的场所、建筑，传承地域文化，保留并传承传统的生活记忆和生活习俗。产业特色镇应找准定位、挖掘特色，有效叠加文化、历史、旅游等资源，善用"互联网＋"创新思维，营造创新创业环境，促进特色产业空间的创新培育。自然生态特色镇应尊重原有的山水格局和自然资源，传承小城镇与自然有机融合的特色风貌，形成良好的空间环境。特色景观旅游名镇应加强特色资源要素与旅游业的产业关联，促进特色资源的有效转化，树立文旅形象、完善文旅服务、促进文旅融合。

一、彰显生态品质

1.彰显自然和谐品质

（1）保护景观视廊与地标景物

景观视廊是景观体系中的重要结构要素，通过保证一定范围内城镇景观的可视性，实现资源共享，成为展示小城镇自然文化特色的重要窗口。地标景物是具有独特地理特色的建筑物或者自然要素。

特色小城镇要保护河流、道路、街巷等观山望水的景观视廊，突出与自然基底的协调关系。特色小城镇宜结合自然山水设置地标景物（如塔、廊、亭等），既可以显山露水，又能起到画龙点睛的效果。

景观廊道周边的道路断面、界面贴线、街墙高度、建筑高度、体量和风格要严格进行建设控制。景观视廊的宽度一般不宜小于15m，可结合道路、公共绿地等设置，两相邻通廊间距不宜大于80m。

昆山市千灯镇秦峰塔

案例：昆山市千灯镇

千灯镇将秦峰塔作为城镇核心的地标景物，结合水系、街巷、桥头空间确立景观视廊。通过严格保护秦峰塔的景观视廊，并对其周边影响区域范围内的建筑高度、建筑风貌进行控制，塑造和谐的城镇天际线，彰显了千灯镇的文化与自然特色。

（2）建筑组群与自然景观互契

建筑组群应在建筑风格、体量、材质方面与自然山水相协调。山地建筑组群应结合地貌特征进行布局，从而达到错落有致的空间效果。自然山水景观周边的建筑采用坡顶建筑形式，现存的不协调平顶建筑可采用屋顶绿化进行改善。

顺应自然的布局

与自然割裂的建设

苏州市吴中区东山镇与太湖毗邻

案例：苏州市吴中区东山镇

东山镇是太湖东麓的湖中半岛，三面临水、一面连陆，城镇空间依山傍水，粉墙黛瓦的陆巷建筑群顺应地形地势，与自然空间融为一体。规划严格控制陆巷建筑群的建筑高度、建筑色彩、建筑风貌，重点保护"太湖—环湖路—建筑群"的复合空间层次。

（3）开敞空间与自然景观互动

开敞空间是小城镇自然环境、文化特色和社会活力的综合载体，小城镇应该充分利用自然景观资源，沿山、滨水区域应设置公共开放空间，利用乡土植物、乡土材料营造公共景观和标识系统，突出绿色化、生态化、可持续的景观特征。同时，可布置与自然环境相兼容的文化娱乐、旅游、休闲和零售等功能，提升开敞空间的吸引力。

徐州市铜山区汉王镇围绕湖泊布局的开敞空间

案例：徐州市铜山区汉王镇

汉王镇围绕湖泊布置开敞空间体系，以慢行道串联公共建筑组群、旅游景点、活动绿地，实现了路网、水网、绿网、慢行、公共空间的复合布局，塑造宜人的城镇空间，激发滨水空间活力。

2.提升绿色生态品质

（1）打造生态型绿化景观示范

倡导建设自然适用且养护成本低的绿化景观，尽量选用本地适生绿化品种，绿化中乡土树种使用率宜达到70%以上。尽量减少建设生态功效低、工程造价高的人工大草坪、人工水景，避免移植大树，并留足保护范围（树冠投影外3~8m）。同时应注重绿化景观空间的趣味性，打造生态型绿化景观示范项目。

无锡市锡山区锡北镇斗山塘公园

案例：无锡市锡山区锡北镇

斗山塘位于锡山区锡北镇，公园建设中将步道与茶田之间的现状杂草清理后种植乡土树种，并在滨水区域补植芦苇、菖蒲等本土植物，增加了景观层次感，丰富了游客的视觉体验，彰显了生态活力与乡土特色。

相关标准：

《城市绿地设计规范（2016年版）》GB 50420。

（2）打造海绵城镇

鼓励小城镇推广应用"海绵设施与技术"，建设雨水花园、植草沟、生态护坡、软质驳岸等海绵设施，打造示范性海绵公园。有条件建设海绵绿地和海绵公园的小城镇，可参考国内海绵城市相关标准进行设计建设。

南京市浦口区永宁街道玉兰河环境整治工程

案例：南京市浦口区永宁街道

玉兰河属于老山的行洪通道之一，河道两侧防汛墙隔断了河道与周边场地的生态联系和物质交换。玉兰河环境整治工程运用海绵技术，设置雨水生植物、石漫滩、水调蓄塘等海绵设施，让河流重新焕发生机，回归城镇生活功能。

相关标准：

《海绵城市建设技术指南——低影响开发雨水系统构建》。

（3）实施生态环境修复工程

废弃的工矿用地、垃圾填埋厂等对小城镇居民健康、周边环境造成巨大威胁。通过实施生态环境修复工程，在科学评估污染现状的基础上，采取物理、化学、微生物等多元水土治理方法，恢复自然群落、重建自然生态，让特色小城镇"由棕到绿"，凸显生态特色。

对于已破坏的山体，严禁再次开山采石，应利用客土回填的方式，进行生态覆绿。对于地质结构好的矿山（坑），可结合实际游憩需求，进行人工干预，转型为矿山公园。对于局部有岩创面的山体，必须通过工程手段或通过景观手段进行景观美化。

自然修复

裸露山体应进行生态覆绿

南京市江宁区汤山街道矿坑公园

案例：南京市江宁区汤山街道

汤山街道矿坑公园是在废弃采石矿坑的基础上，通过对湿地、草甸、湖区等景观元素进行生态系统恢复、景观风貌恢复，"变废为宝"，形成了如今"以山为幕"的特色矿坑体验公园，成为人气景点，实现了生态效益、经济效益和社会效益的多赢。

（4）建设"生态绿心"

利用小城镇现有绿地、山体、湿地等生态资源，通过生态修复、绿化造景等措施，发挥蓄水净水、净化空气的作用，同时植入生态型业态功能，建设复合型"生态绿心"，改善小城镇生态环境。

南京市溧水区石湫街道石山公园"新城绿心"

案例：南京市溧水区石湫街道

石湫街道将占地面积10.7hm²的石山公园定位为"新城绿心"，以"松涛连壑出石湫，绿波摇影倚山楼"为设计主题，运用自然生态元素，着力打造"石山之上有石有湫，石山之下有花有木"的环境，改善了街道的生态环境，提高了居民的生活品质。

二、塑造空间特色

1.构建空间特色系统

（1）分区引导空间特色

立足不同小城镇资源禀赋，坚持顺应规律、分类引导，形成主导功能鲜明的小城镇空间布局。依托小城镇先进制造、交通节点、商贸流通、文化旅游等不同禀赋，打造特色精品小城镇。结合《江苏省城乡空间特色战略规划》中的省域空间特色风貌分区，落实以下管控要求：

江南水乡田园特色小城镇宜合理管控滨湖空间，加强视廊视域控制，加强小城镇与环太湖区域风景路体系的有机衔接，以风景路串联沿线各类资源。

江南丘陵田园特色小城镇应重点处理好沿山、沿水界面的建设，打造尺度适宜、空间精致，并与江南低山秀水、和谐共融的风貌特色。

沿江丘陵都市特色小城镇应充分彰显长江两侧城水相依的空间景观特色，妥善处理小城镇与丘陵地貌空间布局、尺度的关系。

沿江平原都市特色小城镇应充分彰显长江两侧城水相依的空间景观特色，注重城镇风貌与自然风貌的关系协调，打造显山露水、城绿相融的滨江特色风貌。

里下河水乡田园特色小城镇应重点保护里下河水网的生态基底，合理控制城镇空间形态及尺度，塑造城镇与水体之间和谐共生的空间风貌。

江南水乡田园特色风貌

江南丘陵田园特色风貌

沿江丘陵都市特色风貌

沿江平原都市特色风貌

里下河水乡田园特色风貌

黄淮平原田园特色风貌

滨海生态城市特色风貌

徐海丘陵城市特色风貌

江苏省城乡空间特色风貌示意图

相关依据：
《江苏省"十四五"新型城镇化规划》；
《江苏省城乡空间特色战略规划》。

　　黄淮平原田园特色小城镇宜以平原生态为基底，合理管控滨湖空间，环洪泽湖区域应加强对山水资源的生态保护与修复，加强小城镇与环湖区域绿道体系的衔接，彰显城镇与水网、湖荡共生的风貌特色。

　　滨海生态城市特色小城镇宜以沿海湿地生态为基底，串场河、范公堤、通榆运河沿线小城镇应加强与水系的联系，打造南北向蓝绿廊道，彰显独特文化底蕴。

　　徐海丘陵城市特色小城镇宜依托丘陵地貌以及山体、生态绿廊的隔离，结合区域性景观河道及核心交通线路形成大疏大密、蓝绿相间的风貌特色。

　　（2）提升空间特色内涵

　　小城镇空间特色是指一座小城镇的物化环境形式明显区别于其他小城镇的空间个性特征。通过小城镇特色资源普查、特色资源评价、特色目标定位、特色空间组织等方法路径，准确把握特色小城镇内涵特质，着重围绕特色资源配置发展要素，着力保护并挖掘文化遗存、特色产业、自然禀赋、传统街巷等特色资源，提升城镇空间特色内涵。

小城镇空间形态要凸显文化内涵

案例：南京市溧水区石湫街道

　　石湫街道立足于大城市近郊镇的区位，立足特色化发展的思路，充分利用了山水资源禀赋，以文化教育、影视传媒为特色，打造"溪谷影城"。同时积极引入南京工业大学浦江学院等高校资源，做强文化教育主题，引导校地经济一体化发展，提升了城镇空间特色内涵。

（3）突出特色塑造重点区域

重点突出小城镇主要出入口、小城镇重要景观节点、居民公共活动空间、历史文化遗存周边地区等重点区域的特色塑造。鼓励在山体、水系等景观风貌较好的区域周边强化小城镇特色。历史文化名镇应加强核心区保护，挖掘文化内涵，突出独特风貌。

重点区域特色塑造

泰州市姜堰区溱潼古镇的特色建筑

案例：泰州市姜堰区溱潼古镇

溱潼古镇是中国历史文化名镇，镇区面积0.54km²，现存古民居6万m²，文化遗存密集度高。对溱潼古镇核心区内集中成片的重点文物保护单位和历史建筑进行全面修缮，并将其作为地域文化展示和传承的场所，彰显乡愁乡味、文化脉络、地域风貌和民风民俗。

（4）提高公共环境艺术品品位

建立公共环境艺术品配建管理制度，加强公共环境艺术品的布局、设计、建造，促进公共环境艺术化、品质化发展，提升小城镇的艺术品位，彰显小城镇的地域特征和文化价值。

（5）多元特色塑造方式

小城镇特色涉及自然禀赋、历史人文、文化遗产、经济产业、空间形态等诸多内容。应从各地实际出发，遵循客观规律，依托特色资源禀赋，采取多元塑造方式建设小城镇。

体现乡土特色的标识

雕塑、小品不宜过于城市化

从水乡风貌与特色旅游多方面塑造小城镇

案例：常熟市沙家浜镇

沙家浜镇有着优越的自然本底，深厚的历史文化，丰富的人文资源，多彩的民俗风情。当地立足于特色资源，延续沙家浜镇水乡风貌，因地制宜的发展旅游业，打造特色旅游小城镇。

2.塑造特色空间环境

（1）传承创新建筑特色

应深入研究建筑风貌和地域文化，在整体风貌传承的基础上，适当鼓励建筑创新。对于文物保护建筑，修缮必须遵循《中华人民共和国文物保护法》中"不改变文物原状"的原则，通过相关技术措施，修缮已有的损伤。

对于历史建筑，应遵循"修旧如旧"的原则，运用符合其历史文化特征的材质、形式、体量、装饰等进行适当程度的提升，植入与历史建筑相协调的功能，增强建筑的时代性。

对于一般建筑，修缮改造后功能定位应符合实际需求，不仅要能反映地方特色，还要能带动地方经济发展，但切勿盲目追求经济效益。

昆山市巴城镇采用现代建筑材料创新表达建筑特色

案例：昆山市巴城镇

巴城镇重视对城镇风貌的传承与协调，同时在公共建筑设计建造管理中，提出新建公共建筑要具有新江南风貌，通过白墙黛瓦的材料延续，传承城镇风貌的历史基因，同时植入竹、耐候钢等现代建筑材料，创新表达建筑特色。

相关依据：

《中华人民共和国文物保护法》。

（2）完善景观系统

注重整体景观系统的打造，坚持山、水、城、人有机融合，重点依托生态林地、滨水空间、临山空间等主要节点，塑造具有生态自然、传统风韵、人文风采、时代风尚的特色景观系统。注重以"点线面"结合的理念，形成网络化景观生态系统，彰显景观绿化的乡土特色与宜人尺度。

塑造"点线面"结合的网络化景观系统

案例：南京市江宁区土桥镇

土桥镇以五城圩1km²的水面为生态核心，以汤水河为生态基底，沿现状水系设置多条生态廊道，沿水系绿地边界布置滨水生态湿地，沟通城镇空间与外围生境的绿楔，从而打通内部生态绿肺，形成完善的景观系统。

（3）提升园林绿化品质

加强镇区主次干道、街边绿地、滨水空间、景观活动广场、健身广场、城镇公园、体育公园、口袋公园等重要节点绿化美化。因地制宜设置公园广场，鼓励利用闲置地和边角地等建设小游园，按照"300米见绿、500米见园"的要求，完善公园绿地系统。

注重绿化的层次搭配、季相变化、树种优选，园林植物空间组织以自然群落种植为主，疏密有致，高低错落，形成优美的林冠线，群落之间留出部分草地活动空间。综合考虑不同人群的使用要求，合理设置游览、休闲、运动、健身、科普等各类设施。

自然群落为主

不提倡苗圃型绿化

苏州市相城区望亭镇运河公园

案例：苏州市相城区望亭镇

望亭镇是相城区唯一一个运河流经的镇，具有悠久的运河文化。城镇以滨水空间为核心，以运河文化为主题建设运河公园。通过建设及修复古建、治理河道生态、完善公共配套等举措，将运河公园打造为望亭的城市客厅，提升了城镇园林绿化品质。

（4）建设城乡绿道网

应以小城镇现有生态空间、商业街区、旅游景点为基础，积极推进小城镇绿道串联成网。通过沿绿道配套建设安全、集散、商业、游憩、科教、环卫、标识等设施，提升绿道网多元复合功能。鼓励小城镇绿道与城市绿道相衔接，形成城乡联系的有机整体。

案例：昆山市陆家镇

陆家镇开展了吴淞江绿色廊道和古木河亲子运动公园的建设，通过融入海绵城市建设理念，增加了绿色生态走廊的连通性，增加城镇休闲娱乐空间，提升道路和绿化品质，完善了点线面相结合的城镇绿地景观系统。

昆山市陆家镇建设吴淞江绿色廊道

（5）优化环境设施与细部

应优化环境设施与细部的设计，加强景观小品、地面铺装、座椅、指示牌、路灯等街道家具的设计优化，体现地域特色与文化。

案例：常熟市梅里镇

梅里镇在环境设施和街道家具的建设中，采用居民日常最喜欢的民间艺术元素，运用现代景观手法加以演绎，设置廊、亭、桥、榭等中国传统园林意向，形成具有地方文化和生活气息的活动空间。

常熟市梅里镇景观小品

三、传承地域文化

1. 保护文化遗产

（1）挖掘保护非遗文化

应充分挖掘地域文化、传统风俗，传承非物质文化遗产，重点保护非遗传统工艺、传统工法、传承人及非遗传承空间，有条件的在特色街区设置非遗传承人工作室。

积极培育非物质文化遗产体验项目，开设非遗项目公益讲座等活动。推进地名文化遗产认定和保护工作，开展地名文化遗产资源调查，建立地名文化名录，打造地名文化品牌。

苏州市吴江区七都镇提线木偶唱昆曲

张家港市凤凰镇斫竹大舞

案例：张家港市凤凰镇

凤凰镇历史悠久资源丰富，其中河阳山歌是首批国家级非物质文化遗产，其代表作《斫竹歌》有6000多年的历史，是吴歌的典型代表。凤凰镇通过建设山歌馆对河阳山歌、历史文物、名人故事进行集中展示，并定期举办"斫竹大舞"节事活动，活态传承非物质文化。

相关依据：
《江苏省非物质文化遗产保护条例》。

（2）建档保护文化遗产

加强文物资源调查研究，并依法登记、建档，明确有文化保留价值的建筑及构筑物保护范围和要求，编撰历史相关文献，鼓励各地采用影像视频、数字化技术保护文化遗产。

泰州市姜堰区溱潼古镇历史保护建筑修缮与展示

常熟市沙家浜镇北新桥保护修缮

案例：常熟市沙家浜镇

沙家浜镇以唐市古镇为主要保护重点区域，对重要历史建筑进行建档保护，逐步实施老街沿线保护修复，完成繁荣桥、北新桥改造、李雷故居、望贤楼修缮工程和历史文化街区一期古宅修缮等工程，做好文物古建筑本体维修和环境风貌整治。

（3）培育乡土建筑工匠

乡土建筑工匠是小城镇建设项目的亲历者、实践者和贡献者，包括木匠、石匠、泥瓦匠、园艺师等，通过制度保障，设立"美丽工匠""精美工匠""匠心手艺人"等评选活动，增强乡土建筑工匠的工作积极性。同时以老带新，通过传帮带培养新一代建筑工匠，继承发扬传统建筑技艺。

同时联合大专院校、学术团体，加强乡土建筑工匠队伍建设，积极组织开展相关培训，并探索建立符合实际的乡土建筑工匠培训制度、评比制度和管理制度。

香山帮营造技艺省级代表性传承人现场讲解

溧阳市乡土工匠评比

2.传承人文特色

（1）延续传统脉络

尊重小城镇现有路网、空间格局和生产生活方式，梳理小城镇历史发展脉络，严格保护老镇区的总体空间格局、传统街巷、连片的历史建筑、传统风貌建筑，以及能够比较完整、真实地反映一定历史时期传统风貌或民族（如回民区）、地方特色的片区。整治修缮历史文化街区，保护传统街巷肌理。

保持历史文化遗产的真实性、完整性和延续性。科学利用历史文化遗产，不过度开发，禁止破坏性开发。

苏州市吴中区同里古镇整体格局和传统街巷

南通市通州区石港镇整体格局和传统街巷

案例：南通市通州区石港镇

石港镇重点推进老镇区保护开发，延续传统脉络。通过对石港镇的城镇肌理解读研究，保护老街的整体格局，挖掘石港镇肌理背后的文化基因，传承石港镇独特的物质空间形态特征。

（2）活化文化载体

小城镇街区修缮改造时应遵循"保护为主，修旧如旧"的原则，深入挖掘街区文化特色，鼓励文化载体作为公共活动场所开放使用，引入文化展示、体验、休闲、创意等功能业态，展示街区的老字号、名人故事，融合历史文化元素和现代需求。

宜兴市丁蜀镇小方窑广场改造

南京市江宁区秣陵街道9车间改造

案例：南京市江宁区秣陵街道

秣陵9车间，位于南京市江宁区秣陵街道，由建成于20世纪90年代的牛首工业园改造而成。项目定位为以"互联网＋"主导的文化科技创意园区，通过在基地内植入五个小屋组成的"工业村落"，打造开放式园区；运用新的建造材料，活化了老厂房、围墙和大门等文化载体，促进了新旧建筑的融合。

（3）协调新老建筑风貌

新建建筑应体现地域文化特色，保证新老镇区自然衔接、保持新老建筑风貌协调。改造提升老街区、老建筑和新建老厂房建筑时要重视本土的传统建筑技术和形式，应用新技术、新材料进行创新设计。尤其在建筑细部，包括屋顶、门窗、腰线、地脚线、墙角等设计中，要加强传统建筑手法、技艺、材质及符号的应用，传承传统文化，体现本土建筑特色与风貌。

应对历史、文化进行深入理解与研究，恢复具有鲜明地域特色的传统风貌。避免盲目仿古，避免采用过于简单的符号化处理方式进行"创作"。

具有鲜明地域特色的传统风貌恢复

不提倡仿欧建筑风貌

常熟市梅李镇常浒河沿线新老建筑自然衔接

（4）改造提升老建筑

在不影响历史建筑价值、确保建筑结构安全的基础上，修缮老建筑，拓展使用功能，满足现代人的使用需求。重点改造提升老街区、老建筑和老厂房等建筑空间。鼓励改造利用老厂房老设施，积极发展文化创意、工业旅游、演艺、会展等功能，植入商贸、健康、养老服务等生活服务功能。

历史建筑可以在内部增加使用面积或者调整楼层层高促进活化利用，但不得改动主体框架及遮挡体现历史风貌特色的部位、材料、构造、装饰。

宜兴市丁蜀镇古南街传统建筑改造

宜兴市丁蜀镇西山农贸市场改造

案例：宜兴市丁蜀镇

丁蜀镇利用周边地形与现状场地，通过建筑改造并置换业态功能，将原有农贸市场打造为西山口袋公园与健身中心。改造后的农贸市场不仅承载了展示老城地块历史形象的功能，也给周边居民增加了一个休憩、健身、交流的景观空间。

3.强化特色文旅

（1）打造特色品牌

充分发挥小城镇资源优势，将小城镇核心资源特色化、品牌化，挖掘地方老字号品牌，培育地方品牌餐饮店，并做到与周边小城镇品牌差异化发展。

以特色街区、特色餐饮为主要载体，联动开发文创产品、文化演艺等功能业态，形成系列特色IP，提振小城镇产业功能，突显小城镇文化品牌。

昆山市周庄镇水乡游船

（2）完善文旅设施

建立健全旅游配套服务体系，完善多层次、广范围、智能化的旅游服务设施。完善购物、娱乐设施，开发具有地方特色的旅游产品及旅游伴手礼；完善旅游交通设施，因地制宜建设完善公共自行车、电瓶车、游船等游览设施；健全旅游标识设施，指示交通走向，提供安全引导。

提升旅游配套设施智能化水平，提供旅游产品预订、旅游活动发布、旅游行程推荐、旅游设施定位等服务，因地制宜建设智慧酒店、智慧停车、智慧公交等智能服务设施。

南京市高淳区桠溪慢城小镇

案例：南京市高淳区桠溪镇

桠溪慢城小镇充分利用其山水资源禀赋，以"慢生活"为主题，打造中国首个国际慢城，完善住宿、休闲及商业核心功能。做强特色功能，培育新型业态，完善公共服务，打造集居住、办公及商业等功能为一体的混合型社区。

（3）推进文旅融合

有旅游发展需求的小城镇，应依托生态、文化、农业等旅游资源，加强旅游资源与旅游业的产业关联，促进农业接二连三，实现特色资源的有效转化，激发产业链重构。

同时树立文旅形象，完善文旅服务，发展"文旅＋"业态，打造独特的文化品牌，促进文旅融合。特色景观旅游名镇至少有1家精品农家乐（精品民宿），有条件的鼓励建设1家星级酒店或快捷酒店。

泰州市姜堰区溱潼镇镇区建成4A级景区

南京市高淳区桠溪镇文旅融合

案例：南京市高淳区桠溪镇

桠溪镇积极推动旅游服务业融合联动发展。通过提档升级大山、石墙围民宿和农家乐，配合举办国际慢城山地"四分马"比赛，协办国际慢城金花旅游节等举措，全面提升城镇特色风貌、旅游服务能力，促进城镇文旅融合发展。

四、培育特色产业

1.顺应特色产业新趋势

（1）立足差异化发展

立足各地区资源禀赋和比较优势，挖掘培育特色产业，在区域城镇体系中重点突出与其他城镇相区别的主要功能，如工业带动型、商贸流通型、旅游拉动型、特色资源型等，建设各具特色的小城镇。

对于产业体系相对完善的特色小城镇，要重视与中心城市及周边城镇工业产业链和服务体系的衔接，形成紧密有序的产业分工联系，发展特色产业，推进一二三产业联动发展，延伸产业链，提高附加值。

对于农业资源优势强、经济实力弱的特色小城镇，可以发展农产品加工业、个体手工业和农村服务业，把发展特色经济同建设特色小城镇，推进农业产业化，培育支柱产业结合起来，建设特色资源型、商贸流通型小城镇。

对具有发展特色农业、特色工业或观光旅游基础或潜力的小城镇，应努力培育特色产业，美化城镇环境，完善配套设施，建设适量旅游服务设施，加强旅游活动策划，建设旅游驱动型小城镇。

苏州市吴江区震泽丝绸小镇

案例：苏州市吴江区震泽镇

近年来，震泽镇不断提升丝绸产业与商贸、旅游、文化的融合度，推动震泽"三产绕一丝，一丝兴三业"的发展战略，加快转型升级步伐，扩大引领示范效应，加大创新力度，提升生产效率。对企业实行"扶强、培优、亮剑"差别化管理，鼓励企业对接资本市场，紧跟时代潮流，引入互联网思维，丝绸行业互联网销售占比达到25％以上。

（2）延伸产业生态链

延伸产业生态链，实现三产融合是提振小城镇产业发展最有效的路径。应筛选产业门类，集中发展少数优势产业，通过延伸产业链、提升价值链，接二连三，促进产业跨界融合发展，实现特色产业由"特"转"精"，实现产业链的重构。

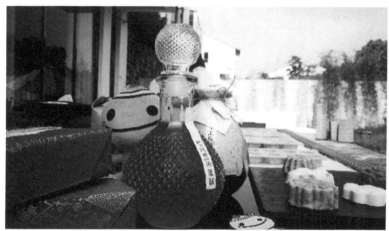

无锡市惠山区阳山镇桃产业

案例：无锡市惠山区阳山镇

阳山镇坚持以产业、融合、创新为发展途径，围绕产业高质量发展、乡村振兴三部曲、田园综合体三个层次，做强特色产业，全力打造蜜桃特色小城镇。从单纯的卖"桃"到卖"树"再到卖"生活"，拓宽"桃路"，把一个小桃子做成了一个"大产业"。同时注入符合阳山发展导向的元素，如田园、风情、艺术、体育等多种元素，打开旅游服务业发展局面，带动特色小城镇健康持续发展。

2. 搭建产业发展新平台

（1）打造特色产业平台

完善产业平台建设，做大做强特色产业园，引入科创园、创业园、企业孵化基地等新型产业平台。以特色产业平台为依托，重点培育龙头企业、地域特色产业、新兴产业、小微初创企业等。

苏州市吴江区松陵街道吴江蓝·文化创意产业园

（2）营造创业环境

发挥小城镇创业创新成本低、门槛低、束缚少、环境好的优势，打造大众创业、万众创新的有效平台和载体。应积极支持新兴龙头企业进行技术改造和新产品开发，以提高产品质量和市场竞争力。营造吸引各类人才、激发企业家活力的创新环境，为创业者提供便利、完善的"双创"服务。

常州市武进区西湖街道石墨烯小镇

案例：常州市武进区西湖街道

西湖街道石墨烯小镇建成集"研究院—众创空间—孵化器—加速器—科技园"于一体的创新创业机制。构建创智孵化、研发服务创新、国际交流合作、产业融合、智慧生活配套五大创客空间，集聚高端人才，孵化初创企业。

3. 培育经济发展新动能

（1）培育新兴业态

立足资源禀赋、区位环境、历史文化、产业集聚等特色，积极发展新兴产业门类，促进新兴业态与主导产业融合发展，维持小城镇产业活力。

有条件的小城镇特别是中心城市和都市圈周边的小城镇，要积极吸引高端要素集聚，发展先进制造业、现代服务业等新业态。

案例：溧阳市别桥镇

别桥镇无人机小镇集无人机研发生产、科普创新、航空体验、文化旅游、休闲宜居等功能于一体。通过构建特色无人机产业链，形成"人才驱动—产业发展—人才集聚"的良性循环，打造具有高度创新优势的产业集群。

溧阳市别桥镇无人机小镇

（2）发力电子商务

依托互联网拓宽市场资源、社会需求与创业创新对接通道，推进专业空间、网络平台和企业内部众创，推动新技术、新产业、新业态蓬勃发展。

案例：宿迁市宿城区耿车镇

耿车镇于2017年初启动建设生态农业示范园，依托耿车镇电子商务优势，围绕"奇趣多肉、缤纷园艺"的发展定位，打造"时尚园艺＋互联网"发展创新产业格局。园区配套建设综合服务中心，为园区企业和农户提供农业技术服务、科技服务支撑、新品种组培研发、创业孵化、技术培训、游客接待等服务。

宿迁市宿城区耿车镇打造"园艺＋互联网"产业

（3）发展美丽经济

依托小城镇山水资源、文化禀赋、地域风貌等特色优势，深入挖掘和活化资源价值，积极发展全域旅游、文旅产业等产业门类。

坚持以环境整治倒逼经济转型、推动产业发展，致力以美丽环境助推美丽经济。通过环境质量提升、旅游产业发展，吸引本土青年回乡创办精品民宿。

邳州市八路镇花卉美丽经济

案例：邳州市八路镇

八路镇以花卉产业为核心，突出特色产业规模化发展，助推乡村发展更具活力，促进"美丽经济"持久绽放。德鲁仕植物种苗组培项目和源怡智能玻璃日光温室大棚项目等一系列建设项目的落地为花卉产业后续发展积蓄了强劲动能，优化了花卉产业的档次，带动了更多群众致富。

CHAPTER 03

建设管理

强化建设管理是有序推进美丽宜居小城镇建设的基础，应通过规范日常管理，统筹建设行动，健全长效机制，加强治理能力，多措并举提升建设管理水平，探索适合小城镇的建设管理方式。

一、规范日常管理

1. 明确责任部门

理顺小城镇相关行政主管部门之间的关系，完善政府职能，因地制宜建立适应美丽宜居小城镇建设需要的管理体制和机制。有条件的小城镇可设置美丽宜居小城镇建设管理办公室等机构，配备专职的管理人员，明确各部门的职责和管理权限，统筹小城镇建设管理工作。建立健全城建档案、物业管理、环境卫生、绿化植被、镇容秩序、道路管理、防灾减灾等管理制度。

2. 建立安全管理机制

建立应急响应指挥系统，根据危机的危害程度审定启动响应等级应急预案，开展危机事件的应急指挥组织工作。

加大投入力度，提高综合防灾和安全设施建设配置标准。有条件的小城镇可结合公园、广场、学校等设施，按照相应标准建设和改造应急避难场所。重点关注防火、防洪、排涝等安全底线管理，完善小城镇生命通道系统。

深入开展消防隐患排查整治工作，将公共场所的防火巡查纳入日常工作内容。建立防洪排涝分级分类管理制度，实施综合防范和处置措施，提升应急排涝能力，保障人民群众生命财产安全。建立地下管线巡护和隐患排查制度，清理占压燃气管线的违法建筑，保证供气安全。

沛县杨屯镇综治指挥调度中心

案例：沛县杨屯镇

杨屯镇运用"网格化+大数据"在全县率先建立镇级综合治理指挥调度中心，全面实行"1+4"治理模式。该模式实行镇村治理"一张网"，政务服务"一窗口"，综合执法"一队伍"，指挥调度"一中心"，实体化运行"一办七局"，探索建设项目预审批制度，完善建设项目流程。

3.定期巡查管理

建立工作规章和实施细则，定期开展建设巡查管理。通过巡查、监督和管理，形成问题清单与整改措施。用好负面清单，对于危害生态安全和民生底线的建设行为，应立即制止；对于其他负面建设行为，应限期改正。

巡查管理工作应充分听取民意，以满足人民群众生产、生活需求为重要出发点，加强社会监督，落实与群众利益密切相关的重大事项社会公示和听证制度，保障人民群众的知情权、参与权和监督权。

4.开展工作宣传

开展现场经验交流与培训，引导社会各界学习标杆、防范风险。发挥主流媒体舆论宣传作用，运用新技术手段，利用地方融媒体等平台加强交流，强化美丽宜居小城镇工作理念、思路做法、实施成效的宣传与推广。

将宣传工作深入社区基层，以各种方式收集民意，获取公众关注的热点、难点问题，及时反馈，及时解决。利用社区宣传栏、社区微博、社区网站等媒介，将小城镇建设的日常工作与居民分享，鼓励群众共同参与，积极发挥社区自治能力。

二、统筹建设行动

1.提升设计与建设水平

围绕美丽宜居小城镇、美丽宜居住区、美丽宜居街区等服务对象，深入推广优质设计服务，通过创新设计方法、优化设计品质、加强设计管控，扎实落实设计工作，有效引导和保障小城镇建设。

鼓励实行设计师负责制，探索全方位、全过程、全周期的技术专家服务机制，在建设过程的各个环节提供技术服务。完善设计、建设全过程的可追溯机制，提升建设工程水平，推广全过程工程咨询和工程总承包。

多层次开展优秀设计评选和交流展示，鼓励参加紫金奖·建筑及环境设计大赛、省城乡建设系统优秀勘察设计奖、省级"四优"等评选活动。

案例：溧阳市上兴镇

溧阳市上兴镇与知名规划设计机构签订战略合作协议，全方位指导和推进城镇建设管理水平。双方充分发挥自身优势，组建了一个集专属服务平台、高效人才团队、前沿创新实践平台、政产学研一体的研究基地，合作内容除了规划设计编制外，还包括了课题研究、技术方案审查、信息系统建设等。设计团队汇集了规划、景观、建筑、市政、交通等多专业人才，与地方建筑工匠、建设团队合作共建，为上兴城镇建设保驾护航。

2. 开展城市设计

鼓励开展重点地区城市设计,对于重要街区、重要干道沿线、滨水地段、商业商贸区等地段和节点加强城市设计研究与管控。有条件的小城镇可积极开展总体城市设计,将城市设计融入建设管理全过程,探索建立并完善"总体—重点片区"的分层管控体系。根据相关技术标准,探索符合小城镇的管控和引导要求,进一步指导建筑、景观、园林、市政等设计与建设实施。

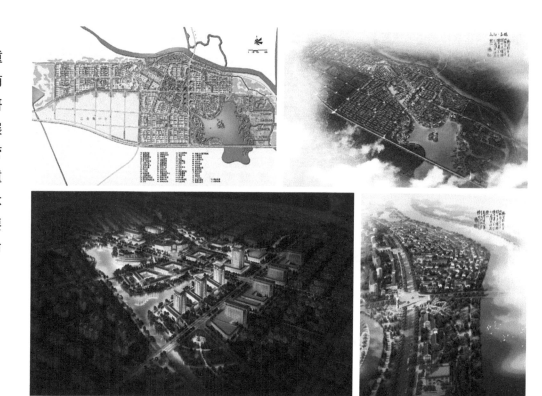

南京市江宁区土桥新市镇城市设计平面及鸟瞰图

案例:南京市江宁区土桥镇

土桥镇依托城镇水系空间格局,通过生态廊道梳理,构建了水脉绿廊网络交织的多样化开放空间,延续有机生长的小尺度城镇空间肌理,打造"会呼吸"的小城镇。土桥镇城市设计包括总体城市设计、老街重点片区设计引导以及公共服务中心、梁太子花园、土桥会堂等重要节点的设计。设计中充分考虑了景观与视线廊道、街巷界面、水系驳岸等控制内容,保证小城镇空间风貌的总体协调。

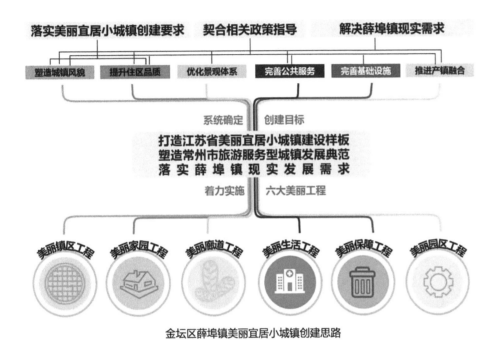

落实美丽宜居小城镇创建要求　契合相关政策指导　解决薛埠镇现实需求

塑造城镇风貌　提升住区品质　优化景观体系　完善公共服务　完善基础设施　推进产镇融合

系统确定　创建目标

打造江苏省美丽宜居小城镇建设样板
塑造常州市旅游服务型城镇发展典范
落实薛埠镇现实发展需求

着力实施　六大美丽工程

美丽镇区工程　美丽家园工程　美丽廊道工程　美丽生活工程　美丽保障工程　美丽园区工程

金坛区薛埠镇美丽宜居小城镇创建思路

3.编制美丽宜居建设行动方案

按照美丽宜居小城镇建设相关要求，并结合实际需求，编制和完善美丽宜居建设行动方案。作为美丽宜居小城镇建设的总体纲领，行动方案应坚持问题导向和目标导向结合，加强现状问题和需求的研判，明确建设目标、建设任务、建设重点和工作举措，涵盖环境卫生、生态环境、设施布局、历史人文及治理管理等方面内容。

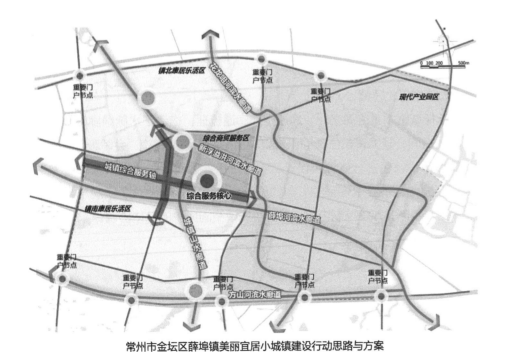

常州市金坛区薛埠镇美丽宜居小城镇建设行动思路与方案

案例：常州市金坛区薛埠镇

薛埠镇按照美丽宜居小城市相关要求，编制了《常州市金坛区薛埠镇美丽宜居小城镇建设行动方案》。方案立足薛埠镇现实需求，着力实施美丽镇区、美丽家园、美丽廊道、美丽生活、美丽保障、美丽园区六大工程。同时拟定了美丽宜居小城镇项目实施清单，清单内容涵盖基础设施类、绿化景观类、公共服务类、住房保障类四大类项目，明确建设时序和资金投入，将美丽宜居小城镇建设落到实处。

三、健全长效机制

1. 建立政策与资金保障机制

将美丽宜居小城镇建设纳入年度地方预算，多渠道筹措资金。统筹使用各级政府专项资金，建立和完善有利于小城镇发展的财政体制。创新美丽宜居小城镇建设投融资机制，鼓励撬动社会资本，参与美丽宜居小城镇建设。

探索建立多渠道的建设投入机制，依法创新各类金融服务扶持小城镇发展。强化政策性银行和商业银行金融支持，鼓励金融机构加大金融支持力度。鼓励设立新型城镇化建设基金，倾斜支持美丽宜居小城镇专项建设。

2. 建立小城镇风貌管控机制

根据小城镇的实际情况，以环境卫生、城镇秩序、镇容镇貌管控为重点，建立小城镇风貌长效管控机制。

强化整体风貌、格局肌理、景观节点、开敞空间、天际线及风貌要素等管控，充分彰显小城镇地域风貌特色。小城镇风貌管控应该充分尊重小城镇现有格局，顺应地形地貌，保持现状肌理，延续传统风貌，不盲目拆除老街区；保持小城镇宜居尺度，营造宜人街巷空间和适宜的高度、体量。保护和传承小城镇传统文化，尤其是有历史底蕴的特色小城镇，应保护、挖掘和利用历史文化遗产，体现和彰显地域文化内涵。

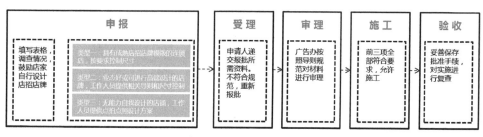

申报	受理	审理	施工	验收
填写表格调查情况鼓励店家自行设计店招店牌	申请人递交报批所需资料。不符合规范，重新报批	广告办照导则规范对材料进行审理	前三项全部符合要求，允许施工	妥善保存批准手续，对实施进行复查

类型一：具有成熟店招店牌模版的连锁店，按要求控制尺寸

类型二：业态好或可进行高端设计的店牌，工作人员提供相关导则和尺寸控制

类型三：无能力自拟设计的店牌，工作人员提供店招总图设计方案

溧阳市天目湖镇街道风貌要素管理

案例：溧阳市天目湖镇

天目湖镇是著名的旅游型小城镇，依托山水资源优势，着力打造国家5A级天目湖旅游度假区，大力发展生态旅游产业。针对小城镇商业店招更换频繁的现实需求，天目湖镇制定了"申报—受理—审理—施工—验收"的管理流程，全程把控店招设计、施工和更换的流程，确保店面流转时，街道风貌始终保持和谐统一。

相关依据：
《历史文化名城名镇名村保护条例》（2017年修正）。

3.建立小城镇长效管护机制

结合小城镇日常管理，因地制宜探索建立地方建设管护体系，细化、深化管护要求，推进长效管护切实执行。

建立城乡基础设施一体化规划、建设、管护机制，推动小城镇设施共建共享，统筹道路、供水、供电、垃圾处理等设施，建立相应的管护队伍，保障小城镇道路交通、给水排水、电力通信、能源供应、园林绿化、环境卫生等各类公用设施的正常运行。

4.建立实施评估机制

结合自身需要，建立美丽宜居小城镇建设实施评估机制，有条件的可采取"年度体检、滚动评估"的模式。鼓励采取跟踪检查、委托第三方机构或专业技术主体等方式，实行定期调度、定期通报、定期考核，对小城镇建设情况进行全面检查。

强化集镇队伍管理	强化集镇交通管理	强化集镇环境管理	强化集镇建设管理	强化集镇设施管理
1.加强村镇规划、工程管理、园林绿化、市政建设等技术管理人员的引进。2.重点配齐培强城管班子，强化队员素质提升。3.创新工作机制。4.健全考核制度。	1.巩固现有综合交通管理成果。2.充分发挥交通安全设施和数字化城管作用，交警中队及时依法处罚各类交通违章行为。	1.对集镇主要道路和区域，特别是对东园路金水桥路段、跃胜路沿线的固定摊点和流动摊点进行重点长效整治。2.强化集镇环境网格化管理模式，巩固突击整治成果。	1.按照建管并重的原则，加大批后管理和违章巡查力度。2.强化集镇巡查队伍管理，调强调优充实巡查队伍，完善考评奖惩机制。	1.发挥部门单位的职能作用，做到明确分工，归口管理，保障运转，提高效率。2.集镇道路、绿化管养、路灯维护、楼宇亮化等由村建办负责管理，并全部实行市场化规范运作。

宝应县氾水镇精细化管理要求

案例：宝应县氾水镇

宝应县氾水镇巩固小城镇建设成果，实施精细化镇区管理体系，聚焦队伍、交通、环境、建设、设施五大管理内容，健全长效管理机制。同时，加大管理队伍、环境卫生、设施绿化和违章建筑管理查处力度，加大对志愿者队伍的培训、学习和规范管理，集聚和提升管理力量。

四、加强治理能力

1. 深入开展"共同缔造"

通过决策共谋、发展共建、建设共管、效果共评、成果共享、宣传共推等方式，推进人居环境建设由政府为主向社会多方参与转变，系统化推动美丽宜居小城镇建设。

始终坚持群众主体地位，持续深入基层社区，拓宽社区居民交流的渠道。组织协调各方力量共同参与，鼓励党政机关、群团组织、社会组织、社区志愿者队伍、驻地企事业单位、专业社工机构提供人力、物力、智力和财力支持，大力推动设计师、建筑师、工程师进社区，持续推动"共同缔造"深入开展。

宜兴市丁蜀镇聘请顾问

案例：宜兴市丁蜀镇

丁蜀镇蜀山古南街历史文化街区改造过程中，坚持"政府引导、居民参与、共同缔造"的理念，通过示范工程建设，建筑风貌导则引导，菜单式建筑构件展陈，引导带动居民进行自我改造与建设，维持丰富的生产生活形态；通过居民座谈会、顾问团等形式加强居民参与意识，共同进行街区与建筑风貌改造。

宜兴市丁蜀镇引导带动居民进行自我改造与建设

2. 加强基层"三治"融合发展

基层是社会治理的基础单元。小城镇可结合承载能力，因地制宜地构建网格化管理、精细化服务、信息化支撑、开放共享的基层管理服务平台，打破部门职能壁垒，实行"纵向到底、横向到边"的管理配置，建构简约高效的基层管理体制，使基层有条件、有能力更好地为群众提供精细化服务，推动实现基层社会治理体系和治理能力现代化。

深入学习"枫桥经验"，以党建为引领推动自治、法治、德治"三治融合"，稳步推进法治建设，不断强化德治功能，切实提升基层自治水平。

昆山市周市镇老书记工作室

案例：昆山市周市镇

周市镇以党建为引领，以和睦邻里为目标，充分利用老书记、老干部的工作经验和优势，建立"老书记工作室"。工作涵盖了政策法规宣传、党员教育指导、社情民意征集、文明新风倡导、矛盾纠纷调解等，促进基层自治、法治、德治"三治融合"。

3.提升社区治理能力

提高社区治理专业化水平，是推进基层治理体系和治理能力现代化的重要手段。推进治理中心和配套资源向社区下沉，规范社区日常管理，通过社区居民委员会，商议拟定自治公约，加强社区环境卫生、休闲活动、停车管理等建设内容。

强化社区赋权、互助和干预措施，建立从协商过程、权利分享到共同控制的社区伙伴关系，将资金、技能、知识和社交网络与社区组织、团体、居民、居委会紧密连接。

有条件的小城镇可利用"互联网＋"等线上线下手段，围绕居民需求的服务供给和及时反馈，以智慧化、人文化的方式，构建"公平、效率、人本"的社区治理新格局。

泗阳县卢集镇"说事日"活动

案例：泗阳县卢集镇

卢集镇优化整合网格资源力量，配备了包括网格长、兼职网格员、党建指导员等在内的"一长四员"五人工作小组。卢集镇创设了"说事日""监事会"制度，构建"听群众说、向群众讲、解群众疑、带群众干"说事议事平台，推行事务公开，约束"小微权力"，提升了基层治理水平。

4. 拓宽社会监督渠道

拓宽群众参与监督的渠道，充分利用公示栏、广播、电视、网络、报刊、融媒体等载体，大力推行政务公开，引导广大群众了解和参与美丽宜居小城镇建设。

强化宣传公示，尤其涉及公共安全和居民切实利益的设计方案，必须进行公示。针对违法违规建设行为，建立多样化的监督举报通道。

5. 提升数字化管理水平

加强小城镇管理数字化平台建设，整合各部门信息资源，建立综合、跨部门、标准统一和资源共享的数字治理平台，汇集公用设施运行管理、交通管理、环境管理、应急管理等平台，提高公共服务供给效率和供给质量，促进信息化水平提升。

有条件的小城镇可综合运用新技术，搭建智慧城镇公共信息平台，加快数字化城镇管理平台的建设共享。提升基于网络的智慧化医疗、教育、交通、养老等公共服务，建立数据收集网络、监测平台、动态预警和智能决策支撑服务。

加强"互联网+"在智慧小城镇方面的应用，有条件的小城镇可探索建立生活智慧化终端，打造智慧应用服务生态平台，为居民提供更高效的生活服务。

案例：南通市通州区川姜镇

　　川姜镇治理现代化指挥中心设置有指挥大厅、办公室、休息室、会议室、档案室、机房等，对全镇进行实时监管，接入舆情系统随时捕捉、筛选出敏感的舆情信息，并按具体位置划分到对应网格以进行下一步的协调处理工作。通过专职网格员巡查、各村网格员排查、"国土卫士、蓝天卫士监控视频"抽查，采用"物防、人防、技防"三合一防范手段，统一调度指挥镇域社会治理各方力量，实时、快速、准确"听诊式"为地区社情找病灶、施良药。

南通市通州区川姜镇数字化城管系统

CHAPTER 04

典型案例

一、一般小城镇

1.基本概况

射阳县海河镇地处盐城市射阳西部，与建湖、阜宁、滨海三县交界，总面积243km²。

2.镇容镇貌整治

海河镇开展文明城镇创建活动，集中整治乱搭乱建，占道经营等不文明行为，开展"穿背心亮身份"主题志愿活动，宣传讲解卫生文明手册。开展河塘沟渠清理、日常垃圾清运、残垣断壁清除等"三清"行动。

3.设施提升建设

基础设施方面：交通基础设施加快建设，射阳高铁站建成投用，省道S233建成通车。完成自来水二三级管网改造，实现共饮长江水目标。建成全县第一家镇级污水处理厂并投入使用，建成生态示范河道6条。为方便海河镇区居民生活并促进旅游业发展，新建四座公共卫生间。

公共服务方面：海河镇建成投用海河小学新校区、阜小综合楼等教育设施。

绿化建设方面：海河镇建成成片林4000亩、植树8万株、公共绿地5900m²。

海河镇主题志愿活动

海河小学新校区　　　　海河镇绿化建设

4.产业发展

（1）产镇融合

海河镇跃华工业园区发展机械装备智能制造、高端纺织、新材料等主导产业，建成亿元以上项目16个，亿元以下项目27个，培植规模以上企业24家。通过扎实开展"三项清理"，园区盘活闲置土地148亩、闲置厂房27000m²。积极引导企业技改扩能、技术创新，创建国家级、省级高新技术企业10家。

（2）特色产业

海河镇结合农业大镇的定位，大力发展农业产业。打造永坛稻鸭鱼、陡港苗圃等千亩以上特色农业示范基地19个；建成的射阳大米产业园，获批"江苏省味稻小镇"；四季果香现代农业科技产业园按照省4A级农业园区标准规划设计；万亩有机果蔬园已成为上海市外蔬菜供应基地、省级绿色优质农产品基地，海河西葫芦获批国家农产品地理标志。

海河镇跃华工业园区

四季果香现代农业科技产业园

5.建设管理

（1）规范日常管理

规范日常管理机制，提升管理水平，充实城管、环卫、绿化养护三支队伍，积极推行"城镇物业"管理模式，实行社会化、市场化运作。完善垃圾收集处理体系建设，实现生活垃圾减量化、资源化、无害化处理，彻底改变"脏、乱、差"现象，打造整洁、优美、文明、和谐的最美海河。

（2）加强治理能力

按照"党建引领，打造共建共治共享的社会治理格局"总要求，推进党建网和社会治理网"双网"融合，全面加强和创新网格化社会治理体制机制，建成集综合执法局、基层法庭、派出所、交警中队、司法所等机构于一体的复合型网格化服务管理中心（综合治理中心），全力推进高效化、实战化运行。

综合指挥中心

二、重点发展镇

1.基本概况

铜山区汉王镇位于徐州市西郊，云龙湖风景名胜区境内，全镇总面积64.4km²，镇区面积3.28km²。汉王镇借助云龙湖风景区与汉王生态小镇的品牌效应，统筹生产、生活、生态空间，发展乡村旅游和休闲农业，切实改善群众生活环境和生活条件。在生产上，基于生态农业产业基础，打造特色品牌农产品，带动传统产业向规模化、品牌化、现代化发展；在生活上，保护文化及风貌，营造闲适社区，积极引入多元文旅业态；在生态上，整合田、园、林、山、水等资源，引入多元生态基础设施，保护和提升田园风貌和人居环境，创建现代生活魅力小城镇。

汉王镇整体风貌航拍图

汉王镇玉河改造前后

汉王镇环境整治前后对比

2.镇容镇貌整治

深入推进小城镇环境综合整治行动，通过整治成果"回头看"工作，开展"道乱占""车乱开""线乱拉""低散乱"等专项治理行动，开展环境卫生、城镇秩序和镇容镇貌整治，消除"脏乱差"现象，提升人居环境质量。

镇容镇貌方面：推进"公共空间整治"专项行动，开展"无违建"创建工作。依法依规全面整治以"四无"为重点的"低散乱"企业或作坊，解决企业生产经营中存在的违法用地、违法建筑、违法经营以及安全生产、环境保护、节能降耗、产品质量等不达标问题。

环境卫生方面：开展环境综合整治，进一步充实环保队伍，对镇区的污水排泄暗渠进行疏通治理，落实门前三包责任制，做到垃圾日产日清，取缔马路市场和占道经营行为，使环境卫生得到了根本改善。规范店招牌，拆除二楼及以上违章户外广告。

3. 设施提升建设

基础设施方面：加强老旧基础设施改造，新建项目按照规定配套建设停车、绿化等设施。统筹推进给水、排水、电力电信、燃气等综合管线建设。因地制宜推进生活污水治理，加快雨污分流改造，逐步实现雨污分流全覆盖。推进镇中村、镇郊村、老旧小区等截污纳管，加强防洪排涝能力建设，保障防洪安全。全面提升供水水质，饮用水水质达标率100%，保障供水安全。完善生活垃圾分类处理体系，加强垃圾投放、收集、运输和处置系统建设，推进生活垃圾分类示范建设。倡导"海绵城市"建设理念，综合运用生态技术，建设海绵公园、海绵道路、下沉式绿地等海绵设施。推进"厕所革命"，合理设置公共厕所，改造提升镇区厕所、旅游厕所，全面提升公厕建设服务品质。合理布局消防服务设施，保障5分钟内抵达。

绿化建设方面：积极打造美丽庭院、美丽河湖和美丽田园等美丽载体。建设拔剑泉景区公园、紫金山文化公园、和园等重点项目，提升园林绿化水平，完善公园绿地系统，实施主要道路、河道节点的景观绿化，开展玉带河水环境提升工程。推进绿道串联成网，沿线配套建设集散、商业、游憩、科教等服务设施，打造蓝绿交织、水城共融的优美环境。

汉王镇便民服务站

汉王镇拔剑泉

汉王镇为民服务中心

汉王镇游客服务中心

公共服务方面：建设图书馆、文化广场、文体综合服务中心、电影院、健步道、体育场馆等文体娱乐休闲设施。推进公共文化设施以及学校、机关、企事业单位等内部体育设施免费向公众开放。依托特色优势，打造运动休闲小镇、文化创意街区、民俗文化村等。建设玉带河、三华山山体公园等文化产业平台，大力发展生态游憩、康养养生、文化创意等特色功能，推动文化与旅游、养生养老等产业融合发展。建设为民服务中心、游客服务中心，完善服务体系，构建"20分钟医疗卫生服务圈"，推进镇域医共体建设，实现标准化卫生室全覆盖，发展全科诊所、智能医务室。完善城乡居民基本医疗保险制度，低收入人群基本医疗、大病保险、大病救助和医疗补充全覆盖。加强教育设施建设，全面推进学校与城区学校组建城乡教育共同体，提高教育信息化应用水平，促进教育均等化。构建城乡全覆盖、质量有保证的学前教育公共服务体系，引导和支持民办幼儿园提高办园质量和水平。发展老年教育，倡导终身学习新风尚。建设养老服务中心，发展智慧养老服务，提升居家养老服务能力，推进医养结合、康养服务，探索长期护理保险制度。建设一批康养基地，鼓励建设具有复合功能的旅居养老服务设施，发展面向城市的旅居养老服务。

4. 特色风貌塑造

依托汉文化和自然山水资源禀赋，建设颐养小镇商业街区、拔剑泉文化景区和丁塘老街特色文化街区，开展主要出入口门头改造及亮化工程。注重保护镇区空间格局、传统风貌、街巷系统和空间尺度，强化整体风貌、格局肌理、景观节点、开放空间及天际线等管控。坚持山、水、城、人有机融合，加强对建筑形态、色彩、体量、高度等的论证审查，塑造具有传统风韵、人文风采、时代风尚的特色风貌。

5. 特色文化传承

立足优势历史文化资源，通过举办汉文化节、民俗文化节、美好生活节、丰收节等大型文化活动，全面推广汉文化，形成系列特色鲜明的优势文化品牌。建设张伯英书院，广泛开展群众性文化活动，深化"书香汉王"创建，加强文艺精品创作与生产，不断增强文化供给能力，扩大文化惠及面，提升群众文化生活品质。同时强化历史文化资源保护传承与科学利用，保护古遗址，培育一批乡土工匠，延续历史文脉。加强各类非物质文化遗产的挖掘与传承，打造一批非物质文化遗产体验项目。加强地名文化挖掘保护，完善地名设施，展示人文内涵。

汉王镇主干道入口

汉王镇张伯英书院

121

汉王镇"三乡工程"创业街区

汉王镇康养项目

汉王镇花田花海

6.产业发展

（1）产镇融合发展

统筹全镇产业布局，完善创新创业服务体系，促进文化创意与设计、科技、金融等融合发展。同时结合生态基底，打造特色康养产业，引导农业工业化发展，重点培育农产品精深加工龙头企业，做大做强玫瑰花、葡萄、西瓜等特色农产品。促进农业品牌化发展，全面推进无公害农产品、绿色食品、有机食品、农产品原产地地域保护（认证）以及农业类名牌产品五大类农业品牌的创建工作，打造一批在全市乃至全省有一定影响力的农产品品牌和特色产业基地，争创农产品质量安全示范镇。

（2）培育特色产业

充分发挥汉王山水自然和历史人文资源优势，大力发展生态游憩、禅修养生、文化创意等特色功能，培育和打造"花海小镇""康养小镇""体育小镇"等一批特色小镇，建设一批康养项目，推动文化与旅游、养生等产业融合发展。顺应个性化、体验化、品质化趋势，完善多层次、广范围的旅游服务设施，完善旅游标识系统，提高智慧化程度。推动宾馆酒店提档升级，培育一批特色鲜明、丰富多元的精品民宿。

7. 综合治理

成立美丽宜居小城镇建设领导小组及其办公室，由镇党委书记任总指挥，镇长任领导小组组长，抽调相关部门专业人员组建专班，实体化运作，负责统筹组织和协调推进，研究解决全镇美丽宜居小城镇建设的重大问题。各有关部门、单位根据职责分工，密切配合，形成合力。

把美丽宜居小城镇建设资金纳入年度财政预算，加大对美丽宜居小城镇建设项目的投入。设立镇级财政专项补助资金，采取"以奖代补"的方式，对整治效果好、创成样板示范的进行奖补。积极创新投融资机制，争取政策性贷款支持政策，积极引导和吸纳社会资本参与美丽宜居小城镇建设。

三、特色小城镇

1. 基本概况

惠山区阳山镇是无锡市最具魅力的特色蜜桃小镇，是一片四季芬芳的人间美域，既有"亿年火山、万亩桃林、千年古刹、百年书院"的资源禀赋，又有"生态宜居、特色农业、休闲度假和文化养生"的鲜明特征，先后获得全国美丽宜居小镇、全国旅游景观名镇、国家4A级景区等荣誉。全镇总面积44km²，常住人口6万人。实施"差别化"发展战略，以"田园综合体"为主导产业，把一二三产融合发展与城乡一体化结合起来，走出一条宜农宜景、宜商宜游、宜居宜业的特色小城镇之路。

阳山镇全景

2. 镇容镇貌整治

道路交通方面：实施陆中路道路整体改造工程，对道路沿线管线入地。建设公共停车场，增加陆中路两侧机动车停车泊位，最大限度减轻镇区停车压力，进一步减少停车乱象。

环境卫生方面：对陆中路两侧沿街门店及居民住户产生的生活垃圾实施"无桶化"收集，生活垃圾收集每日不少于两次，进一步提升镇区环境卫生整体形象与品质。

街道景观方面：对陆中路绿化进行整体更换、提升，并在绿化带内安装围栏，提升整体的美观性；进一步完善绿化养护市场化运作机制，提升绿化管理质量。对陆中路两侧小区外围安装轮廓灯，提升夜间亮化效果。

阳山镇陆中路改造前后对比

3.设施提升建设

将乡村振兴、创建国家级旅游度假区和建设特色蜜桃小镇协同推进，不断补足基础设施短板，为全镇人民的多彩生活提供完备的基础保障。

公用设施方面：环卫市场化运作达100%，生活垃圾分类回收有效推进，垃圾中转站、建筑消防场、污水处理厂逐步完善提标。

公共服务方面：有序改扩建中学、小学、幼儿园，完善度假区厕所、生态停车场、立体式导览体系等配套设施，将卫生院骨科打造成为无锡知名专科。

水生态治理方面：整治农业面源污染，全面排摸、疏通、修补污水管道，保障雨污分流、标准排放。结合污水处理厂提标改造，实施新渎港及支浜调水引流综合整治工程、小流域二期工程、河道整治工程，建设最美河道，切实提升镇域水质。

阳山镇公共服务设施建设

4.特色风貌塑造

融入桃文化、乡土文化，同时结合锡西乡村振兴风光带建设要求，注重提升阳山镇四大门户及各重要节点，推进阳山四轴、四门户、九节点的亮化、绿化、彩色化，逐步实现阳山全境可行、可赏、可游、可居。

精心打造特色景观节点，在阳杨线与桃溪路路口，选用文化气息浓厚的印章形象"美丽阳山"作为景墙主体，打造独具特色的景观节点。

在关键路口，深度挖掘庙墩上文化特色，运用中式园林的设计手法，合理美观布置软硬质景观，打造引人入胜的节点景观，重要区域建设生态停车场，在停车位周边种植色叶树种，缓解旅游高峰期停车压力，增强停车游人赏心悦目的感受。

阳山镇特色风貌塑造

阳山镇水蜜桃特色产业

阳山镇桃木工艺品

阳山镇产业富民培训

5.产业发展

始终把产业转型作为提升经济社会发展的支撑和动力，着力推动三次产业间的互补，加快产业良性互动发展，呈现精明增长新格局。

生态高效农业为阳山的乡村旅游发展提供了最佳的基础。通过大刀阔斧的农业改革、景观开发和生态建设，为游客提供更为全面的观光、休闲、度假配套设施和高质量的综合服务。近年来，阳山自驾游游客比例逐年攀升，自驾游销售占水蜜桃总销售的30%，使得水蜜桃销售克服了周边乡镇水蜜桃的冲击和团购减少等不利因素，成为全国农产品品牌中的典范。

积极创新发展模式，将"卖桃"变为"卖树"，发展桃树认养，衍伸桃文化，带动旅游服务业发展，走一二三产融合发展之路。积极拓展水蜜桃深加工产业，与江南大学合作开展水蜜桃汁的研发，组织桃农赴苏州、山东等地学习桃木工艺品加工，并建成了桃木工艺品加工基地。

成立阳山水蜜桃研究所，与中国农业大学、江苏省农业科学研究院等科研院所合作，引进专业实用性人才，培育桃农骨干队伍，开启水蜜桃"双品牌"和"森林认证"系统，加强科技支撑。

突出"大众创业、万众创新、全民教育"三个内容，开展酒店管理、电商营销、文化创意等符合阳山发展方向的专题培训，力争让每一个阳山人都能为阳山的发展出力、出资、出智。制定《大学生返乡创业扶持政策》，吸引年轻人来阳山就业、创业。

6.建设管理

（1）推进垃圾分类新风尚

推广垃圾分类回收，加强分类投放、分类收集、分类运输、分类处理各环节有机衔接，加强知识普及和宣传引导，禁止随意丢弃和焚烧垃圾，引导全体居民自觉践行垃圾分类减量，形成社会新风尚。

（2）完善日常监管体系

开展各级各类环境督查检查问题整改工作，加密日常巡查，规范街道停车管理，规范街道经营，与沿路商家签订"门前五包"责任书，建立长效机制，践行绿色发展方式。

结 语

2023年3月5日，习近平总书记在参加十四届全国人大一次会议江苏代表团审议时强调"要优化镇村布局规划，统筹乡村基础设施和公共服务体系建设，深入实施农村人居环境整治提升行动，加快建设宜居宜业和美乡村"，为我们做好新时代乡村建设工作指明了方向、提供了遵循。

对江苏而言，高质量建设宜居宜业和美乡村，加快推进农村现代化，基因有传承、实践有要求、发展有基础，有条件、有能力、也有责任担负新使命。下一步，我们将认真贯彻习近平总书记的重要指示精神，按照党的二十大关于全面推进乡村振兴的部署要求，开拓创新、勇毅前行，全面推进中国式现代化江苏乡村建设新实践。

江苏乡村建设行动系列指南编写委员会

2023年3月